现代食品营养学基础与健康管理

师 菁 路 苗 邵 超◎著

吉林科学技术出版社

图书在版编目（ＣＩＰ）数据

现代食品营养学基础与健康管理 / 师菁 , 路苗 , 邵
超著 . -- 长春 : 吉林科学技术出版社 , 2022.11
ISBN 978-7-5578-9959-2

Ⅰ . ①现… Ⅱ . ①师… ②路… ③邵… Ⅲ . ①食品营
养—关系—健康 Ⅳ . ① TS201.4

中国版本图书馆 CIP 数据核字 (2022) 第 206211 号

现代食品营养学基础与健康管理

著　师　菁　路　苗　邵　超
出 版 人　宛　霞
责任编辑　李海燕
封面设计　古　利
制　　版　古　利
幅面尺寸　185 mm × 260 mm　1/16
字　　数　100 千字
页　　数　132
印　　张　8.25
印　　数　1-1500 册
版　　次　2022 年 11 月第 1 版
印　　次　2023 年 3 月第 1 次印刷

出　　版　吉林科学技术出版社
发　　行　吉林科学技术出版社
地　　址　长春市净月区福祉大路 5788 号
邮　　编　130118
发行部电话 / 传真　0431-81629529　81629530　81629531
　　　　　　　　　　　81629532　81629533　81629534
储运部电话　0431-86059116
编辑部电话　0431-81629518
印　　刷　三河市嵩川印刷有限公司

书　　号　ISBN 978-7-5578-9959-2
定　　价　70.00 元

前　　言

随着我国社会经济的快速发展，人民的生活水平日益提高，自身的保健意识不断增强，对食品的质量要求也越来越高，已经从以往的"为了吃饱"逐渐转向现在的"为了吃好"。但如何才是吃好？人们对其认识和理解还不到位，甚至还有些模糊。人体所需的能量和各种营养素，都是通过摄取各种各样的食物来实现和满足的，也就是通过吃来完成的，所以说，吃得科学、合理，才可以吃出健康；相反，吃得不科学、不合理，就容易吃出各种疾病。为此，我们应当主动学习和接受营养方面的知识，树立正确的营养理念，指导恰当的营养行为，这才是保障我们自身营养与健康，并达到改善营养、争取长寿目的的关键和入口。

本书是一本研究现代食品营养学基础与健康的书籍，它首先从食品营养学的概述出发，探讨了营养与能量平衡、各类食物的营养保健特性；其次对食品的营养强化进行了分析，旨在全方位地保证食品的安全与健康；最后阐述了健康管理、健康教育与健康促进，使人们能在科学有效的情况下通过更合理的饮食、锻炼来促进身体的健康。本书适合食品科学与工程、食品质量与安全、生物科学等相关专业的本科生学习，也适合相关专业硕士、博士研究生及相关领域科研、生产人员等参考。

食品是人类赖以生存、繁养和从事劳动的物质基础。食品的种类、数量、结构、分布等供应情况，食品质量的好坏、食品的选用、搭配及食用方式是否科学合理等，都直接影响到国民的营养与健康。所以现代食品营养学基础与健康管理值得大家重视和探讨。由于作者写作水平有限，书中存在疏漏和不足之处在所难免，敬请广大师生和读者给予批评指正，以便日后修订与完善。

目录
CONTENTS

第一章　食品营养学概述

第一节　食品营养学基础知识

一、食品营养学研究内容

食品营养学是研究食品和人体健康关系的一门科学，它应使人们在最经济的条件下获得最合理的营养，其主要内容如下：

①食品的营养成分及其检测；

②人体对食品的摄取、消化、吸收、代谢和排泄等；

③营养素的作用机制和它们之间的相互关系；

④营养与膳食问题；

⑤营养与疾病防治；

⑥食品加工对营养素的影响。

上述最后一点即食品加工与营养的关系问题，由于食品营养学与食品科学或食品工艺学关系密切，我们可以认为，食品营养学是研究食品对人体的影响，或者是人体以最有益于健康的方式来利用食品的科学。对于从事食品科学或食品加工的人来说，其应在了解普通营养学知识的基础上更多地了解食品加工对营养的影响。在尽量发挥食品加工有益作用的同时，将食品加工、运输、储藏等过程中营养素的损失，以及在此过程中出现的安全、卫生等问题减到最小，进一步改善和提高食品的营养价值，使之更有利于健康。此外，近年发展起来的旨在防病、保健的功能食品为食品营养学的发展开辟了一个新的领域。

二、食品营养与食品加工

（一）食品与营养

1. 食品

通常食品是指经口摄入并对机体有一定营养作用的物质。它是人类获得营养素和能量的来源，也是人类赖以生存、繁衍的物质基础。其营养作用是指维持生命、促进生长发育、修复机体组织和供给能量与营养素等。

食品是指各种供人食用或者饮用的成品和原料，以及根据传统既是食品又是中药材的物品，但是其不包括以治疗为目的的物品。按此定义，食品既包括食物原料，也包括由原料加工后制作的成品。通常人们将食物原料称为食物，而将经过加工后制成的成品称为食品，但也可统称为食物或食品。此外，食品还包括我国传统上既是食品又是中药材的物品，例如，按照我国原卫生部的规定，大枣、山楂、蜂蜜、枸杞子以及酸枣仁等既是食品又是中药材。

上述定义并未说明食品的作用。一般来说，食品的作用有两个：一是为机体提供一定的能量和营养素，满足人体需要，即食品的营养作用，这应是主要作用；二是满足人们的感官要求，即满足人们不同的嗜好，如对食品色、香、味等的需要。此外，某些食品还可以具有第三个作用，即对身体的生理调节作用。这直接或间接与防病、保健有关。对于既满足上述营养（第一功能）和感官（第二功能）的基本要求，又能调节和改善人体生理活动（第三功能）的食品通常称为功能食品或健康食品，在我国又称保健食品。

2. 强化食品

强化通常是指向食品中添加营养素（或称食品营养强化剂）以增加食品营养价值的过程。强化食品则指添加有营养素（食品营养强化剂）的食品。其作用最初是防治营养缺乏病，如向食盐中加碘防止缺碘性甲状腺肿大；向牛奶和人造奶油中添加维生素 A、维生素 D，用于防治夜盲症和佝偻病等。

食品营养强化剂是指为增强营养成分而加入食品中的天然或人工合成的属于天然营养素范围的食品添加剂。在我国食品营养强化剂使用卫生标准中，规定许可使用的营养强化剂品种有氨基酸及含氮化合物、维生素、矿物质和脂肪酸（不饱和脂肪酸）四类，共一百一十多种。与此同时，标准中还明确规定了其使用范围和使用量。

强化食品（或称营养强化食品）除了可以弥补天然食品中营养素不足的缺陷，如向谷类食品中添加赖氨酸以弥补其含量不足及补充谷类食品等在生产加工过程中某些维生素和矿物质的损失外，在今天人们多用强化食品来满足和平衡营养需要，从而达到防病、保健的目的。我国在多种多样的食品中已有针对性地强化了各种所需的营养素，近年来强化食品更有所增加。当前，我国正以食品强化作为改善公众营养行动的切入点，并从铁强化入手。

对于食品中具体强化的营养素品种和数量，除了应符合食品营养学原理等的基本要求外，关键应遵循国家有关规定，防止使用不当，尤其是过量使用引起中毒等情况。

3. 功能食品

功能食品又称健康食品或保健食品，是指既具有一般食品的营养、感官两大功能，又具有调节人体生理节律，增强机体防御功能以及预防疾病、促进康复等的工业化食品。它是在20世纪七八十年代由于食品科学技术迅速发展（特别是食品工业迅速发展），以及人们防病保健意识的增强而研究开发出来的一类新食品。

功能食品首先是食品而绝非药品。药品是用来治病的，有一定的剂量效应。而食品则无剂量限制，可以按机体正常需要自由摄取。功能食品则必须具有明确的功效成分，可以作为每日膳食的一部分，并且已被科学证实具有调节人体生理功能、防病、保健的功能作用，如增强免疫力，抗衰老，调节血糖、血脂、血压，减肥，美容，增强记忆，改善睡眠，改善视力，改善营养性贫血，改善骨质疏松，改善胃肠道功能，改善性功能，促进生长发育，促进乳汁分泌，促进排铅，耐缺氧，抗疲劳，抗突变，抑制肿瘤等。在我国，具有上述不同功能特点的食品也被称为保健食品。

开发功能食品首先应鉴别和了解食品成分与机体功能的相互关系，即了解其功效成分，并进而确证其对包括人类在内的功能作用。其中还必须通过一定的安全性毒理学评价。

从营养观点看，对于营养素的作用，我们多是阐明其在食品中对健康的影响，而今天，我们应有更多的整体观念，将功能食品也纳入营养学范围，这可大大扩展营养科学领域。

4. 营养

食品应富有营养，营养摄入是人类从外界摄取食品（食物）满足自身生理需要的过程。也可以说，营养摄入是人体获得并利用其作为生命运动所必需的物质和能量的过程。据此，我们也可以认为营养学是研究人们"吃"的科学，它用来研究人们应该"吃什么""如何吃"才能更好地消化、吸收、代谢，保证机体维持正常生长发育与良好健康相关的过程。"吃什么"即应如何选择食物；"如何吃"则与食品加工密切相关，即应如何对食品尤其是生鲜食品进行适当的加工处理。

5. 营养素

营养素是人体用以维持正常生长、发育、繁殖和健康生活所必需的物质。目前已知有40～45种人体必需的营养素并存于食品中。它们通常分为六大类，即碳水化合物、脂肪、蛋白质、维生素、矿物质和水。其中碳水化合物、脂肪和蛋白质在食品中存在和摄入的量较大，称为宏量营养素或常量营养素，而维生素和矿物质在平衡膳食中仅需少量，故称微量营养素。人们在进食含有这些营养素的食品之后，机体可进一步利用它们，来制造许多为身体机能活动所必需的其他物质，如酶和激素等。从营养学和食品科学或食品加工的角度来说，我们应尽量保护这些营养素不受破坏。

近年来，不少学者把膳食纤维也列为营养素，并称其为第七类营养素。

6. 营养素密度

营养素密度是指一份食物中某种营养素占该营养素每日推荐摄入量的比例除以该份食物所提供能量占每日推荐摄入能量的比例所得的数值。当营养素密度 ≥ 1 时，代表该食物在满足能量供给的同时，必需营养素也能够满足人体需求；当营养素密度 < 1 时，代表这份食物能够带给人们足够的能量，却不能满足营养素的供给。如果想要得到足够的营养素，就必定会过量地摄入能量。

7. 营养价值

食品的营养价值通常是指在特定食品中的营养素及其质和量的关系。食品营养价值的高低，取决于食品中营养素的种类是否齐全、数量多少、相互比例是否适宜，以及是否易于消化、吸收等。一般来说，食品中所提供的营养素种类及其含量越接近人体需要，则该食品的营养价值就越高，如母乳对婴儿来说，其营养价值就很高。

不同食品因营养素的构成不同，其营养价值也不相同。例如，粮谷类食品，其营养价值主要体现在能提供较多的碳水化合物，而其所含蛋白质的质和量都相对较低，故营养价值相对较差；蔬菜、水果可提供丰富的维生素、矿物质和膳食纤维，但蛋白质和脂肪的含量很少，因而营养价值低。市场上有的饮料是由一些食品添加剂如食用色素、香精和人工甜味剂等加水配制而成的，则其几乎无营养价值可言。至于人们通常所说的动物蛋白质的营养价值比植物蛋白质高，主要是就其质而言，因为动物蛋白质所含必需氨基酸的种类和数量以及相互的比例关系更适合人体的需要。因此，食品的营养价值是相对的，即使是同一种食品，由于其产地、品种、部位以及烹调加工方法等的不同，其营养价值也有所不同。

(二) 食品加工

1. 食品加工与加工食品

除少数食品（如食盐）外，绝大部分食品来自动植物。这些食品易于腐败变质，需要进行适当的加工处理。实际上，自古以来，人们为了使食品变得美味可口，并且防止其腐败变质，以及更有利于储藏和运输等，早就对食品进行了烧烤、烹煮、干制、腌制等加工处理。随着科学技术的不断发展，为了进一步适应人们不同的饮食习惯和嗜好，满足某些特殊需求，更进一步将不同的食品原料经过多种不同的加工处理和调配，制成形态、色泽、风味、质地以及营养价值等各不相同的加工食品。

食品除可按照原料来源不同进行分类外，也可按照加工方法的不同划分成多种不同的食品，如干制食品、腌渍食品、熏制食品、脱水食品、焙烤食品、油炸食品、发酵食品、罐头食品、微波食品、冷冻食品、巴氏消毒和灭菌食品等。此外，即使食品原料和加工类别相同，但由于具体的配方和操作条件各异，也使食品的品种数量大增。

由于食品科学技术的迅速发展，人们生活水平的不断提高和家务劳动的社会化，以及营养知识的普及和对健康的追求等，许多新的加工食品类型不断涌现，如方便食品、模拟食品、配方食品、强化食品及保健食品或功能食品等。这种将食品原料经过不同的加工处理和调配，制成各种食品的过程统称为食品加工，而由此制成的各种不同的食品则统称为加工食品。

2. 加工食品的营养情况

食品的烹调加工，除可使食品变得更加美味可口外，还可进一步改善和提高食品的营养价值。例如，食品的热加工可使食品变得易于消化、吸收，提高食品的营养价值。此外，加热还可杀灭有害微生物，消除和钝化某些有毒害的因素，如钝化胰蛋白酶抑制剂、消除抗营养素和抗代谢物等，从而提高食品的营养和食品安全性。

然而，食品加工也可有其相反的一面，会造成食品营养素的损失，若加工不当往往还会造成某些危害，如形成某些抗营养物质和有毒害的化合物，甚至引起致癌物的形成。这使食品科学和食品营养学工作者不得不对食品的加工方法和有关操作，尤其是他们对食品营养情况的影响进行深入研究。

通常对于食品加工致使某种或某些营养素受到的损失，除改进加工工艺以减少其损失外，还可对食品进行一定的营养强化，以弥补加工损失，甚至还可按照防病、保健的需要，对其做进一步处理。

食品加工不当，除会使食品营养素和营养价值受到损失外，还会进一步导致某些有害物质的形成。例如，加热可使食品中的糖类物质（还原糖）和蛋白质（胺类物质）产生羰氨反应降低蛋白质，尤其是降低机体对必需氨基酸、赖氨酸的利用率，从而降低其营养价值。油炸食物特别是油炸用油在反复多次使用的情况下，除使油中的必需脂肪酸损失殆尽外，还会使其受到严重的氧化和热降解、聚合作用，造成油脂的败坏变质，甚至产生有毒物质。油炸食品因受到油脂氧化产物等的作用，容易形成氧化脂蛋白等而使其营养价值下降。这种情况通常采用控制油炸用油的质量和避免反复使用油炸用油来防止。

对于某些加工食品，如熏制食品，早期的加工是采用直接烟熏的方法，这不仅可使食品产生特有的风味，使其美味可口，也有利于食品的储藏。但后来发现在用烟熏烤的过程中，食品所含油脂、胆固醇、蛋白质、碳水化合物可经环化和聚合，形成大量的多环芳烃。其中的 3，4- 苯并芘具有强致癌性，可危害人体健康。目前除采取某些措施，如选择质量较好的生烟材料和操作条件、改进熏烟设备以减少食品中的 3，4- 苯并芘的含量外，还可采用无烟熏制，使食品不受 3，4- 苯并芘的污染。人们现已研制开发出不含 3，4- 苯并芘的烟熏香味料用于熏制。

目前，由于食品加工方法多样，食品成分又很复杂，对于不同食品加工方法对食品中各营养素乃至非营养素的影响还远未搞清。至于如何使加工食品的感官、营养质量变得更好的同时，尽量使其对人体的危害降至最低，即使加工食品的感官、营养和安全性最佳化，尚需从多方面进行深入研究。

三、营养与膳食

膳食由不同的食物组成。由于地区、民族或个人信仰与生活习惯等的不同，其膳食与膳食模式会有不同。为了指导人们合理选择食物并相互搭配进食，以更好地获取营养，有益于身体健康，世界各国大都制定了以食品为基础的膳食指南。

膳食营养素供给量是在满足机体正常需要的基础上，参照饮食习惯和食品生产供应情况而确定的，稍高于人们一般需要量的热能及营养素摄入量，其目的是指导人们进食，预防营养缺乏症。然而，随着时间的推移，人们逐渐认识到膳食营养素供给量（RDA）已不能满足预防慢性病、促进健康、延缓衰老、增加营养素摄入量的需求。

膳食营养素参考摄入量是在 RDA 的基础上发展起来的一组每日平均膳食营养素摄入量的参考值，它包括平均需要量（EAR）、推荐摄入量（RNI）、适宜摄入量（AI）和可耐受最高摄入量（UL）。其中的推荐摄入量（RNI）即相当于原来的 RDA。可耐受最高摄入量（UL）则是营养素或食物成分每日摄入量的安全上限。这是健康人群中几乎所有个体都不会发生毒副作用，即不会损害健康的最高摄入量。中国营养学会根据我国居民的营养状况和饮食特点等仔细研究了这一领域的新进展。无疑用膳食营养素参考摄入量（DRI）代替膳食营养素供给量（RDA）是食品营养学的一大发展。

膳食指南早期发展的背景是预防营养不良，随着工业化带来的体力劳动减少，脂肪摄入增多及其他膳食构成的改变，肥胖及心血管疾病等与膳食有关的慢性病不断增加。膳食指南增加了针对此种情况对健康膳食模式的建议。

近年来，随着科学的发展和进步，特别是社会需求的增加，各国膳食指南被赋予了更加丰富的内涵和使命。膳食指南是根据营养科学原则和人体营养需要，结合当地公共卫生问题和食物生产资源，以科学证据为基础，提出的对食物选择和身体活动的指导意见。膳食指南是健康教育和公共政策的基础性文件，是国家推动实现食物合理消费及改善人群健康目标的重要组成部分。

第二节　食品的消化与吸收

一、食品的消化

食品的消化非常重要。过去人们比较重视营养素的供给，1981 年在罗马召开的联合国粮农组织（FAO）、世界卫生组织（WHO）、联合国大学（UNU）能量和蛋白质专家委员会特别强调了食品消化问题的重要性，因为食品只有通过消化才能被吸收、利用，才能发挥营养作用。

（一）碳水化合物的消化

食物碳水化合物含量最多的通常是谷类和薯类淀粉。而存在于动物肌肉与肝脏的碳水化合物称作糖原，又称动物淀粉，为数很少。消化、水解淀粉的酶，称作淀粉酶。

淀粉的消化从口腔开始。口腔内有三对大唾液腺及无数分散存在的小唾液腺，主要分泌唾液。唾液中所含的 $\alpha-$ 淀粉酶仅对 $\alpha-1$，4- 糖苷键具有专一性，可将淀粉水解成糊精与麦芽糖。一般情况下，食物在口腔中停留时间很短，淀粉水解的程度不是很大。当食物进入胃以后，在酸性 pH 0.9~1.5 环境中，唾液淀粉酶便很快失去了活性。

淀粉消化的主要场所是小肠。来自胰液的 $\alpha-$ 淀粉酶可以将淀粉水解为带有 1，6- 糖苷键支链的糖 $-\alpha-$ 糊精和麦芽糖。在小肠黏膜上皮的刷状缘中，含有丰富的 $\alpha-$ 糊精酶，可将 $\alpha-$ 糊精分子中的 1，6- 糖苷键及 1，4- 糖苷键水解，生成葡萄糖。麦芽糖可被麦芽糖酶水解为葡萄糖。食品中的蔗糖可被蔗糖酶分解为葡萄糖和果糖。乳糖酶可将乳糖水解为葡萄糖和半乳糖。通常食品中的糖类在小肠上部几乎全部转化成各种单糖。值得提出的是，根据近期研究发现，淀粉中尚有抗性淀粉存在，它们仅部分在小肠内被消化吸收，其余的则在结肠内经微生物发酵后吸收。

大豆及豆类制品中含有一定量的棉籽糖和水苏糖。棉籽糖为三碳糖，由半乳糖、葡萄糖和果糖组成；水苏糖为四碳糖，由两分子半乳糖、一分子葡萄糖和一分子果糖组成。人体内没有水解此类碳水化合物的酶，它们因此不能被消化吸收，滞留于肠道并在肠道微生物作用下发酵、产气，"胀气因素"的称呼便由此而来。大豆在加工成豆腐时，胀气因素大多已被去除。豆腐乳中的根霉可以分解并去除此类碳水化合物。

食物中含有的膳食纤维如纤维素，是由 $\beta-$ 葡萄糖通过 $\beta-1$，4- 糖苷键连接组成的多糖。人体消化道内没有 $\beta-1$，4- 糖苷键水解酶，使许多膳食纤维（水溶性、非水溶性）不能被消化吸收，如由多种高分子多糖组成的半纤维素不能被消化吸收。食品工业中使用的魔芋粉内所含的魔芋甘露聚糖（由甘露糖和葡萄糖聚合而成，二者之比例为 2：1 或 3：2，其主链是以 $\beta-1$，4- 糖苷键结合，分支中有的是以 $\beta-1$，3- 糖苷键结合）分子，同样不能被消化吸收；食品工业中常用的琼脂、果胶及其他植物胶、海藻胶等同类多糖类物质，也不能被消化吸收。

（二）脂类的消化

脂类是脂肪和类脂（磷脂、糖脂、固醇和固醇脂等）的总称。脂类的消化主要在小肠中进行。小肠中存在着小肠液及由胰腺和胆囊所分泌的胰液和胆汁。胰液中含有胰脂肪酶，可将脂肪分解为甘油和脂肪酸。小肠液中也含有脂肪酶。胆汁中的胆酸盐能使不溶于水的脂肪乳化，有利于胰脂肪酶的作用。胆酸盐主要是结合胆汁酸所形成的钠盐。胆固醇是胆汁酸的前身。胆酸盐和胆固醇等都可乳化脂肪，形成脂肪微滴，分散于水溶液中，增加与脂肪酶的接触面积，促进脂肪的分解。

脂类不溶于水，它们在食糜这种水环境中的分散程度对其消化具有重要意义。因为酶解反应只在疏水的脂肪滴与溶解于水的酶蛋白之间的界面进行，所以乳化成分或分散的脂肪更容易被消化。脂肪形成均匀乳浊液的能力受其熔点限制。此外，食品乳化剂如卵磷脂等，对脂肪的乳化、分散起着重要的促进作用。

脂类在小肠腔中，由于肠蠕动引起的搅拌作用和胆酸盐的渗入，分散成细小的乳胶体。食物中的三酰甘油酯的水解需先经胰液和小肠液中脂肪酶的作用，生成脂肪酸和二酰甘油酯，二酰甘油酯再继续分解生成一分子脂肪酸和单酰甘油酯（单酰甘油酯有很强的乳化力），其酶解的速度视脂肪酸的长度而异。带有短链脂肪酸的三酰甘油酯如黄油较带有长链脂肪酸的三酰甘油酯易于消化。含不饱和脂肪酸的三酰甘油酯的酶解速度快于含饱和脂肪酸的三酰甘油酯。

（三）蛋白质的消化

1. 胃液的作用

蛋白质的消化从胃开始。胃液由胃腺分泌，是无色酸性液体，pH 值为 0.9 ~ 1.5。胃腺还分泌胃蛋白酶原，在胃酸或胃蛋白酶原的作用下，活化成胃蛋白酶，能水解各种水溶性蛋白质。胃蛋白酶主要水解由苯丙氨酸或酪氨酸组成的肽键，对亮氨酸或谷氨酸组成的肽键也有一定水解作用。水解产物主要是际和胨，肽和氨基酸则较少。此外，胃蛋白酶对乳中的酪蛋白还具有凝乳作用。

2. 胰液的作用

胰液由胰腺分泌进入十二指肠，是无色、无臭的碱性液体。胰液中的蛋白酶分为内肽酶与外肽酶两大类。胰蛋白酶和糜蛋白酶（胰凝乳蛋白酶）属于内肽酶，一般情况下，均以非活性的酶原形式存在胰液中。小肠液中的肠致活酶可将无活性的胰蛋白酶原激活成具有活性的胰蛋白酶。胰蛋白酶和组织液也具有活化胰蛋白酶原的作用，具有活性的胰蛋白酶还可以将糜蛋白酶原活化成糜蛋白酶。

胰蛋白酶、糜蛋白酶以及弹性蛋白酶都可使蛋白质肽链内的某些肽键水解，但具有各自不同的肽键专一性。例如，胰蛋白酶主要水解由赖氨酸及精氨酸等碱性氨基酸残基的羧基组成的肽键，产生羧基端为碱性氨基酸的肽；糜蛋白酶主要作用于芳香族氨基酸，如由苯丙氨酸、酪氨酸等残基的羧基组成的肽键，产生羧基端为芳香族氨基酸的肽，有时也作用于由亮氨酸、谷氨酰胺及甲硫氨酸残基的羧基组成的肽键；弹性蛋白酶则可以水解各种脂肪族氨基酸，如缬氨酸、亮氨酸、丝氨酸等残基参与组成的肽键。

外肽酶主要是羧肽酶 A 和羧肽酶 B。前者可水解羧基末端为各种中性氨基酸残基组成的肽键，后者则主要水解羧基末端为赖氨酸、精氨酸等碱性氨基酸残基组成的肽键。因此，经糜蛋白酶及弹性蛋白酶水解而产生的肽，可被羧基肽酶 A 进一步水解，而经胰蛋白酶水解产生的肽，则可被羧基肽酶 B 进一步水解。

大豆、棉籽、花生、油菜籽、菜豆等，特别是豆类中含有的能抑制胰蛋白酶、糜蛋白酶等多种蛋白酶的物质，统称为蛋白酶抑制剂，普遍存在并有代表性的是胰蛋白酶抑制剂，或称抗胰蛋白酶因素。含有这类物质的食物需经适当加工后方可食用。除去蛋白酶抑制剂的有效方法是常压蒸汽加热 30 min 或 98 kPa 压力蒸汽加热 15 ~ 30 min。

3. 肠黏膜细胞的作用

胰酶水解蛋白质所得的产物中仅 1/3 为氨基酸，其余为寡肽。肠内消化液中水解寡肽的酶较少，但在肠黏膜细胞的刷状缘及胞液中均含有寡肽酶。它们能从肽链的氨基末端或羧基末端逐步水解肽键，分别称为氨基肽酶和羧基肽酶。刷状缘含多种寡肽酶，能水解各种由 2 ~ 6 个氨基酸残基组成的寡肽，胞液寡肽酶主要水解二肽与三肽。

4. 核蛋白的消化

食物中的核蛋白可被胃酸或被胃液和胰液中的蛋白酶水解为核酸和蛋白质。在新蛋白质资源的开发中，单细胞蛋白很引人注意，其中含有大量核蛋白，核蛋白常占蛋白质总量的 1/3 ~ 2/3。

核苷不经过水解即可直接被吸收。许多组织（如脾、肝、肾、骨髓等）的提取液可以将核苷水解成为戊糖及嘌呤或嘧啶类化合物，可见这些组织中含有核苷酶。

核酸的消化产物如单核苷酸及核苷虽都能被吸收而进入人体，但是人体不一定需要依靠食物供给核酸，因为核苷酸在体内可以由其他物质合成。核苷酸可进一步合成核酸，也可再行分解。

(四) 维生素与矿物质的消化

在人体消化道内没有分解维生素的酶。胃液的酸性、肠液的碱性等变幻不定的环境条件，其他食物成分，以及氧的存在都可能对不同的维生素产生影响。水溶性维生素在动、植物性食品的细胞中以结合蛋白质的形式存在，在细胞崩解过程和蛋白质消化过程中，这些结合物被分解，从而释放出维生素。脂溶性维生素溶于脂肪，可随着脂肪的乳化与分散而同时被消化。维生素只有在一定的 pH 范围内，而且往往是在无氧的条件下才具有最大的稳定性。因此，某些易氧化的维生素，如维生素 A 在消化过程中可能会被破坏。摄入足够量可作为抗氧化剂的维生素 E，能减少维生素在消化过程中的氧化分解。

矿物质在食品中有些是呈离子状态存在，即溶解状态。例如，多种饮料中的钾、钠、氯三种离子既不生成不溶性盐，也不生成难以分解的复合物，它们可直接被机体吸收。有些矿物质则相反，它们结合在食品的有机成分上，例如，乳酪蛋白中的钙结合在磷酸根上、铁多存在于血红蛋白之中、许多微量元素存在于酶内。人体胃肠道中没有能够将矿物质从这类化合物中分解出来的酶，因此，这些矿物质往往在食物的消化过程中，慢慢从有机成分中释放出来，其可利用的程度 (可利用性) 则与食品的性质及与其他成分的相互作用密切相关。虽然结合在蛋白质上的钙容易在消化过程中被分解释放，但也容易再次转化成不溶解的形式，如某些蔬菜中所含的草酸，就能与钙、铁等离子生成难溶的草酸盐，某些谷类食品中所含的植酸也可与之生成难溶性盐，从而造成矿物质吸收利用率的下降。

二、吸收

(一) 吸收概述

食品经过消化，将大分子物质变成小分子物质，其中多糖分解成单糖，蛋白质分解成氨基酸，脂肪分解成脂肪酸、单酰甘油酯等。维生素与矿物质则在消化过程中从食物的细胞中释放出来。这些小分子物质只有透过肠壁进入血液，随血液循环到达身体各部分，才能进一步被组织和细胞所利用。食物经分解后透过消化道管壁进入血液循环的过程称为吸收。

吸收情况因消化道部位的不同而不同。口腔及食管一般不吸收任何营养素；胃可以吸收乙醇和少量的水分；结肠可以吸收水分及盐类；小肠才是吸收各种营养成分的主要部位。

人的小肠长约4 m，是消化道最长的一段。肠黏膜具有环状皱褶并拥有大量绒毛及微绒毛。绒毛是小肠黏膜的微小突出结构，长度（人类）0.5～1.5 mm，密度10～40个/mm，绒毛上还有微绒毛。皱褶与大量绒毛和微绒毛结构使小肠黏膜拥有巨大的吸收面积（总吸收面积可达200～400 m²），加上食物在小肠内停留时间较长（3～8 h），均为食物成分充分吸收提供了保障。

一般认为，碳水化合物、蛋白质和脂肪的消化产物，大部分是在十二指肠和空肠吸收，当食糜到达回肠时吸收工作已基本完成。回肠被认为是吸收机能的储备库，但是它能主动吸收胆酸盐和维生素 B_{12}。在十二指肠和空肠上部，水分和电解质由血液进入肠腔和由肠腔进入血液的量很大，交流得较快，因此肠内容物的量减少得并不多，而回肠中的这种交流却较少，离开肠腔的液体也比进入得多，使得肠内容物的量大大减少。

（二）吸收的基本机制

不论单细胞生物还是高等动物，营养物的吸收过程都是物质分子穿过细胞膜进入细胞内，再由细胞内穿过另一侧的细胞膜离开细胞，进入组织液或血液。随着生物的进化，对不同物质专一性的特殊吸收机制占有更重要的地位。现以哺乳动物的小肠吸收为例，说明吸收的一般机制。

1. 单纯扩散

一种纯物理现象，即物质的分子从浓度高的区域进入浓度低的区域。细胞膜是处于细胞内液和细胞外液之间的一层脂质膜，因此，只有能溶于脂质的物质分子，才有可能由膜的高浓度一侧向低浓度一侧扩散（也称弥散）。某物质的扩散通量不仅决定于膜两侧该物质的浓度梯度，也取决于膜对该物质通过的阻力或难易程度，后者称为通透性。单纯扩散方式的吸收过程不消耗能量，物质分子依浓度梯度或电位梯度移动。通过小肠上皮的单纯扩散受到物质分子的大小及其他物理化学因素影响，如电荷情况、脂溶性程度的影响。单纯扩散不是小肠吸收营养物质的主要方式。

2. 易化扩散

物质分子在细胞膜内的特异性蛋白质分子（载体）协助下，通过细胞膜的扩散过程。这种易化扩散同简单扩散一样，也是从浓度高的一侧，通过细胞膜透向浓度低的一侧。某些非脂溶性物质的吸收即通过这种方式。易化扩散的吸收方式有下述特点：①专一性，某种载体只促进某种物质的吸收；②饱和现象，由于载体数量有限，当物质浓度增加到一定程度时，其吸收率将达到最大限度；③竞争性抑制，两种结构相似的物质可以竞争性地与载体相结合，故可发生交互抑制。易化扩散可以大大加快物质达到扩散平衡的速度,但它不能逆电化学梯度转运,不需要消耗代谢能量。

3. 主动转运

一种需要消耗细胞代谢的能量,可以逆电化学梯度进行的物质通过膜的转运。例如,小肠内的葡萄糖和氨基酸就是以主动方式逆浓度差转运的。用离体小肠所做的葡萄糖吸收实验发现,通过吸收,肠浆膜侧的葡萄糖浓度可达到黏膜侧的一百倍以上。在体内,小肠内的葡萄糖可以达到完全吸收,就是依靠主动转运。在无氧情况下,这种逆浓度梯度的吸收过程便消失。主动转运也具有饱和现象和竞争性抑制现象。

4. 胞饮或内吞

在这一作用下,物质吸附在细胞质膜上,质膜内陷,形成将物质包裹在内的小囊泡,并向细胞内部移动,进而被细胞吸收。小肠对一些大分子物质和物质团块,如完整的蛋白质、三酰甘油酯,可用内吞方式吸收。

(三) 碳水化合物消化产物的吸收

碳水化合物的吸收几乎完全在小肠,且以单糖形式被吸收。肠道内的单糖主要有葡萄糖及少量的半乳糖和果糖等。

各种单糖的吸收速度不同,己糖的吸收速度很快,而戊糖(如木糖)的吸收速度则很慢。若以葡萄糖的吸收速度为100,人体对各种单糖的吸收速度如下:D- 半乳糖(110)> D- 葡萄糖(100)> D- 果糖(70)>木糖醇(36)>山梨醇(29)。这与在大鼠身上所观察到的吸收比例关系非常相似(半乳糖:葡萄糖:果糖:甘露糖:木糖:阿拉伯糖= 110:100:43:19:15:9)。

目前认为,葡萄糖和半乳糖的吸收是主动转运,它需要载体蛋白质,是一个逆浓度梯度进行的耗能过程,即使血液和肠腔中的葡萄糖浓度比例为200:1,吸收仍可进行,而且速度很快;戊糖和多元醇则以单纯扩散的方式吸收,即由高浓度区经细胞膜扩散和渗透到低浓度区,吸收速度相对较慢;果糖可能在微绒毛载体的帮助下使达到扩散平衡的速度加快,但并不消耗能量,此种吸收方式称为易化扩散,吸收速度比单纯扩散要快。

蔗糖在肠黏膜刷状缘表层水解为果糖和葡萄糖,果糖可通过易化扩散吸收;葡萄糖则需进行主动转运:它先与载体及 Na^+ 结合,一起进入细胞膜的内侧,把葡萄糖和 Na^+ 释放到细胞质中,然后 Na^+ 再借助 ATP 的代谢移出细胞。

(四) 脂类消化产物的吸收

脂类的吸收主要是在十二指肠的下部和空肠上部。脂肪消化后形成甘油、游离脂肪酸、单酰甘油酯以及少量二酰甘油酯和未消化的三酰甘油酯。短链和中链脂肪酸组成的三酰甘油酯容易分散和被完全水解。短链和中链脂肪酸循门静脉入肝。长链脂肪酸组成的三酰甘油酯经水解后，其长链脂肪酸在肠壁被再次酯化为三酰甘油酯，经淋巴系统进入血液循环。在此过程中胆酸盐将脂肪进行乳化分散，以利于脂肪的水解、吸收。

各种脂肪酸的极性和水溶性均不同，其吸收速率也不相同。吸收率的大小依次为：短链脂肪酸＞中链脂肪酸＞不饱和长链脂肪酸＞饱和长链脂肪酸。脂肪酸水溶性越小，胆盐对其吸收的促进作用也就越大。甘油水溶性大，不需要胆盐即可通过黏膜经门静脉吸收入血。

大部分食用脂肪均可被完全消化吸收、利用；如果大量摄入消化吸收慢的脂肪，很容易使人产生饱腹感，而且其中的一部分尚未被消化吸收就会随粪便排出；那些易被消化吸收的脂肪，则不易令人产生饱腹感，并很快就会被机体吸收利用。

一般脂肪的消化率为95%，奶油、椰子油、豆油、玉米油与猪油等都能全部被人体在 6~8 h 内消化，并在摄入后的 2 h 可吸收24%~41%，4 h 可吸收53%~71%，6 h 可吸收68%~86%。婴儿与老年人对脂肪的吸收速度较慢。脂肪乳化剂不足可降低吸收率。若摄入过量的钙，则会影响高熔点脂肪的吸收，但不影响多不饱和脂肪酸的吸收，这可能是钙离子与饱和脂肪酸形成难溶的钙盐所致。

人体从食物中获得的胆固醇称作外源性胆固醇（10~1000 mg/d），多来自动物性食品；由肝脏合成并随胆汁进入肠腔的胆固醇，称作内源性胆固醇，为 2~3 g/d。肠吸收胆固醇的能力有限，成年人胆固醇的吸收速率约为每天 10 mg/kg。大量进食胆固醇时吸收量可加倍，但最多每天吸收 2 g。内源性胆固醇约占胆固醇总吸收量的一半。食物中的自由胆固醇可由小肠黏膜上皮细胞吸收。胆固醇酯则经过胰胆固醇酯酶水解后吸收。肠黏膜上皮细胞将三酰甘油酯等组合成乳糜微粒时，也把胆固醇掺入在内，成为乳糜微粒的组成部分。吸收后的自由胆固醇又可酯化为胆固醇酯。胆固醇并不是百分之百吸收，自由胆固醇的吸收率比胆固醇酯高；禽卵中的胆固醇大多数是非酯化的，较易吸收；植物固醇如 β- 谷固醇，不但不易被吸收，而且能抑制胆固醇的吸收，可见食物胆固醇的吸收率波动较大。通常食物中的胆固醇约有1/3能够被吸收。

（五）蛋白质消化产物的吸收

天然蛋白质被蛋白酶水解后，其水解产物大约1/3为氨基酸，2/3为寡肽。这些产物在肠壁的吸收远比单纯混合氨基酸快，而且吸收后绝大部分以氨基酸形式进入门静脉。

肠黏膜细胞的刷状缘含有多种寡肽酶，能水解各种由 2 ~ 6 个氨基酸组成的寡肽。水解释放出的氨基酸可被迅速转运，透过细胞膜进入肠黏膜细胞再进入血液循环。肠黏膜细胞的胞液中也含有寡肽酶，可以水解二肽与三肽。一般认为，四肽以上的寡肽，首先被刷状缘中的寡肽酶水解成二肽或三肽，吸收进入肠黏膜细胞后，再被细胞液中的寡肽酶进一步水解成氨基酸。有些二肽，比如含有脯氨酸或羟脯氨酸的二肽，必须在胞液中才能分解成氨基酸，甚至其中少部分（约 10%）以二肽形式直接进入血液。

各种氨基酸都是通过主动转运方式来吸收，吸收速度很快，它在肠内容物中的含量从不超过 7%。实验证明，肠黏膜细胞上具有载体，能与氨基酸及 Na^+ 先形成三联结合体，再转入细胞膜内。三联结合体上的 Na^+ 在转运过程中则借助钠泵主动排出细胞，使细胞内 Na^+ 浓度保持稳定，并有利于氨基酸的不断吸收。

不同的转运系统作用于不同氨基酸的吸收：中性氨基酸转运系统对中性氨基酸有高度亲和力，可转运芳香族氨基酸、脂肪族氨基酸、含硫氨基酸，以及组氨酸、胱氨酸、谷氨酰胺等。此类载体系统转运速度最快，所吸收蛋白质的速度依次为：甲硫氨酸＞异亮氨酸＞缬氨酸＞苯丙氨酸＞色氨酸＞苏氨酸。部分甘氨酸也可借此载体转运；碱性氨基酸转运系统可转运赖氨酸及精氨酸，转运速率较慢，仅为中性氨基酸载体转运速率的 10%；酸性氨基酸转运系统主要转运天冬氨酸和谷氨酸；亚氨基酸和甘氨酸转运系统则转运脯氨酸、羟脯氨酸及甘氨酸，转运速率很慢。因含有这些氨基酸的二肽可直接被吸收，故此载体系统在氨基酸吸收上意义不大。

(六) 维生素的吸收

水溶性维生素一般以简单扩散方式被充分吸收，特别是相对分子质量小的维生素更容易吸收。维生素 B_{12} 则需与内因子结合成一个大分子物质才能被吸收，此内因子是相对分子质量为 53 000 的一种糖蛋白，由胃黏膜壁细胞合成。

脂溶性维生素因溶于脂类物质，它们的吸收与脂类相似。脂肪可促进脂溶性维生素吸收。

(七) 水与矿物质的吸收

每日进入成人小肠的水分为 5 ~ 10 L，这些水分不仅来自食物，还来自消化液，而且主要来自消化液。成人每日尿量平均约 1.5 L，粪便中可排出少量（约 150 mL），其余大部分水分都由消化道重新吸收。

大部分水分的吸收是在小肠内进行，未被小肠吸收的剩余部分则由大肠继续吸收。小肠吸收水分的主要动力是渗透压。随着小肠对食物消化产物的吸收，肠壁渗透压会逐渐增高，形成促使水分吸收极为重要的环境因素，尤其是 Na^+ 的主动转运。在任何物质被吸收的同时都伴有水分的吸收。

矿物质可通过单纯扩散方式被动吸收，也可通过特殊转运途径主动吸收。食物中钠、钾、氯等的吸收主要取决于肠内容物与血液之间的渗透压差、浓度差和 pH 差。其他矿物质元素的吸收则与其化学形式、与食品中其他物质的作用以及机体的机能作用等密切相关。

钠和氯一般以氯化钠（食盐）的形式摄入。人体每日由食物获得的氯化钠为 $8 \sim 10$ g，几乎完全被吸收。钠和氯的摄入量与排出量一般大致相当，当食物中缺乏钠和氯时，其排出量也相应减少。根据电中性原则，溶液中的正负离子电荷必须相等。因此，在钠离子被吸收的同时，必须有等量电荷的阴离子朝同一方向，或有另一种阳离子朝相反方向转运，故氯离子至少有一部分是随钠离子一同吸收的。钾离子的净吸收可能随同水的吸收被动进行。正常人每日摄入钾为 $2 \sim 4$ g，绝大部分可被吸收。

钙的吸收通过主动转运进行，并需要维生素 D。钙盐大多在可溶状态，且在不被肠腔中任何其他物质沉淀的情况下才可吸收。钙在肠道中的吸收很不完全，有 $70\% \sim 80\%$ 存留在粪便中，这主要是由于钙离子可与食物及肠道中存在的植酸、草酸及脂肪酸等阴离子形成不溶性钙盐所致。机体缺钙时，钙吸收率会增大。

铁的吸收与其存在形式和机体的机能状态等密切相关。植物性食品中的铁主要以 $Fe(OH)_3$ 与其他物质结合存在。它需要在胃酸作用下解离，进一步还原为亚铁离子方能被吸收。食品中的植酸盐、草酸盐、磷酸盐、碳酸盐等可与铁形成不溶性铁盐而妨碍其吸收，维生素 C 能将高铁还原为亚铁而促进其吸收。铁在酸性环境中易溶解且易于吸收。在血红蛋白、肌红蛋白中，铁与卟啉相结合形成的血红素铁可直接被肠黏膜上皮细胞吸收，这类铁既不受植酸盐、草酸盐等抑制因素影响，也不受抗坏血酸等促进因子的影响。胃黏膜分泌的内因子对此铁的吸收有利。

铁的吸收部位主要在小肠上段，特别是在十二指肠，铁的吸收最快。肠黏膜吸收铁的能力取决于黏膜细胞内的铁含量。经肠黏膜吸收的铁可暂时储存于细胞内，随后慢慢转移至血浆中。当黏膜细胞刚刚吸收了铁而尚未转移至血浆中时，肠黏膜再吸收铁的能力可暂时失去。这样，积存于黏膜细胞中的铁就将成为再吸收铁的抑制因素。当机体患缺铁性贫血时，铁的吸收会增加。

第三节 食品的营养成分

一、碳水化合物

营养是人体组织细胞进行生长发育、修补更新组织、制造各种体液、调节新陈代谢、维持生理功能所必需的物质。

人体需要的营养有碳水化合物、蛋白质、脂肪、维生素、矿物质和水六大类。

碳水化合物又称糖，由碳、氢、氧三种元素组成，由于它所含的氢氧比例为2:1，和水一样，故称为碳水化合物。化学结构是含有多羟基的醛类或酮类的化合物或经水解转化成为多羟基醛类或酮类的化合物。它与蛋白质、脂肪同为生物界三大基础物质，为生物的生长、运动、繁殖提供主要能源。它是人类生存发展必不可少的重要物质之一。

碳水化合物包括单糖（葡萄糖、果糖、半乳糖）、双糖（蔗糖、乳糖、麦芽糖）和多糖（纤维素、淀粉、糖原）。食物中的碳水化合物分成两类：人可以吸收利用的有效碳水化合物（如单糖、双糖、多糖）和人不能消化的无效碳水化合物（如纤维素）。

（一）糖的消化和吸收

食物中的糖类主要是植物淀粉和动物糖原两类可消化吸收的多糖、少量蔗糖、麦芽糖、异麦芽糖和乳糖等寡糖或单糖。这些糖首先在口腔被唾液中的淀粉酶部分水解为 α-1，4糖苷键，进而在小肠被胰液中的淀粉酶进一步水解生成麦芽糖、异麦芽糖和含4个糖基的临界糊精，最终被小肠黏膜刷毛缘的麦芽糖酶、乳糖酶和蔗糖酶水解为葡萄糖、果糖、半乳糖，这些单糖可被小肠细胞吸收。此过程是一个主动耗能的过程，由特定载体完成，同时伴有 Na^+ 转运，不受胰岛素的调控。除上述糖类以外，由于人体内无 β-糖苷酶，食物中含有的纤维素无法被人体分解利用，但是其具有促进肠蠕动等作用，对于身体健康也是必不可少的。临床上，有些患者由于缺乏乳糖酶等双糖酶，可导致食物中糖类消化吸收障碍而使未消化吸收的糖类进入大肠，被大肠中细菌分解产生 CO_2、H_2 等，引起腹胀、腹泻等症状。

（二）碳水化合物的生理功能

①碳水化合物（糖）的主要功能是供给热能，是人体主要的能量营养素。每克碳水化合物产热16.75 J。人体所需能量的百分之七十以上是由糖氧化分解供应的。

②构成细胞和组织：人体每个细胞都有碳水化合物，其含量为2%～10%，主要以糖脂、糖蛋白和蛋白多糖的形式存在，分布在细胞膜、细胞器膜、细胞质以及细

胞间质中。如核糖和脱氧核糖是细胞中核酸的成分；糖与脂类形成的糖脂是组成神经组织与细胞膜的重要成分；糖与蛋白质结合的糖蛋白在细胞识别、信号传递中起重要作用。

③节省蛋白质：食物中碳水化合物不足，机体不得不动用蛋白质来满足机体活动所需的能量，这将影响机体蛋白质合成和组织更新。因此，若完全不吃主食，只吃肉类，因肉类中含碳水化合物很少，这样机体组织将用蛋白质产热。

④合成脂肪，影响脂肪代谢。如果细胞中储存的葡萄糖已饱和，多余的葡萄糖就会以高能的脂肪形式储存起来，多吃碳水化合物发胖就是这个道理。

⑤维持脑细胞的正常功能：葡萄糖是维持大脑正常功能的必需营养素，当血糖浓度下降时，脑组织可因缺乏能源而使脑细胞功能受损，出现头晕、心悸、出冷汗，甚至昏迷的症状。

⑥解毒：糖类代谢可产生葡萄糖醛酸，葡萄糖醛酸与体内毒素（如胆红素）结合进而解毒。

⑦一些碳水化合物具有特殊的生理活性。例如，肝脏中的肝素有抗凝血作用；血液中的糖与免疫活性有关；核糖和脱氧核糖是遗传物质核酸的组成成分。

膳食中碳水化合物过少，可分解脂类供能，同时产生酮体，导致高酮酸血症，造成组织蛋白质分解以及阳离子的丢失等，使人出现头晕、心悸、全身无力、疲乏、脑功能障碍、血糖含量降低，严重者会导致低血糖昏迷。

当膳食中碳水化合物过多时，就会转化成脂肪储存在身体内，使人过于肥胖而导致高血脂、糖尿病等各类疾病。

(三) 碳水化合物的来源

膳食中碳水化合物的主要来源是植物性食物，如谷类、薯类、根茎类蔬菜和豆类。碳水化合物只有经过消化分解成葡萄糖、果糖和半乳糖才能被吸收，而果糖和半乳糖又经肝脏转换变成葡萄糖。血中的葡萄糖简称为血糖，少部分血糖直接被组织细胞利用，与氧气反应生成二氧化碳和水，释放出热量供身体需要；大部分血糖则存在人体细胞中。有研究显示，某些碳水化合物含量丰富的食物会使人体血糖和胰岛素激增，从而引起肥胖，甚至导致糖尿病和心脏病。

我国健康人群的碳水化合物供给量为总能量摄入的 55%～65%。同时对碳水化合物的来源也做了要求，即应包括复合碳水化合物淀粉、不消化的抗性淀粉、非淀粉多糖和低聚糖等碳水化合物；限制纯能量食物如糖的摄入量，提倡摄入营养素／能量密度高的食物，以保障人体能量和营养素的需要及改善胃肠道环境和预防龋齿的需要。

每人每天应至少摄入 50~100 g 可消化的碳水化合物。碳水化合物的主要食物来源有：谷物（如水稻、小麦、玉米、大麦、燕麦、高粱等）、水果（如甘蔗、甜瓜、西瓜、香蕉、葡萄等）、干果类、干豆类、根茎蔬菜类（如胡萝卜、番薯等）等。

二、脂类

脂类是由脂肪酸和醇作用生成的酯及其衍生物。脂类不溶于水而溶于乙醚、氯仿、苯等非极性有机溶剂，包括油脂（甘油三酯）和类脂。

脂肪是脂肪酸的甘油三酯，是由 1 分子甘油与 3 分子脂肪酸通过酯键相结合而成的。人体内脂肪酸种类很多，生成甘油三酯时可有不同的排列组合，因此，甘油三酯具有多种形式。甘油三酯是人体中脂类的主要组成部分，日常食用的动植物油如猪油、菜油、豆油等均属此类。

类脂包括磷脂、糖脂和胆固醇及其酯三大类。磷脂是含有磷酸的脂类，包括由甘油构成的甘油磷脂和由鞘氨醇构成的鞘磷脂。糖脂是含有糖基的脂类。这三大类类脂是生物膜的主要组成成分，用于维持细胞正常结构与功能。此外，胆固醇还是维生素 D_3 以及类固醇激素合成的原料，对于调节机体脂类物质的吸收以及钙磷代谢等均起着重要作用。

（一）脂类的主要功能

脂肪是高度还原的能源物质，含氧很少，产热量高，每克脂肪产热 37.68 J，约为等量的蛋白质或碳水化合物的 2.2 倍。在人体内氧化后变成二氧化碳和水，释放出热量并维持体温。由于脂肪疏水，可以大量储存，但脂肪的动员速度比亲水的糖要慢。脂肪不能给脑神经细胞以及血细胞提供能量。脂类以多种形式存在于人体的各种组织中，皮下脂肪为体内主要的储存脂肪。人体饥饿时会首先动用脂肪供给热能，避免体内蛋白质的消耗，脂肪不是良好的导热体，皮下的脂肪组织构成保护身体的隔离层，有助于维持体温和御寒。

磷脂是脂肪的一条脂肪酸链被含磷酸基的短链取代的产物，因为这条磷酸基链的存在，磷脂的亲水性比脂肪大，能够自发形成生物膜的骨架——磷脂双分子层，再加上一系列蛋白质和多糖构成生物膜。磷脂是生物膜（细胞膜、内质网膜、线粒体膜、核膜、红细胞膜、神经髓鞘膜）的结构基础：细胞膜由磷脂 50%~70%、胆固醇 20%~30% 及蛋白质 20% 组成。另外，卵磷脂是 β-羟丁酸脱氢酶的激活剂。

胆固醇及其衍生物是重要的生物活性物质：胆固醇可在肝脏转化为胆汁酸排入小肠，胆汁酸可以乳化脂类食物而加速脂类食物的消化；7-脱氢胆固醇可在皮肤中（日光照射下）转化为维生素 D_3，然后在肝脏和肾脏的作用下形成 1, 25-$(OH)_2$-D_3，通过促进肠道和肾脏对钙磷的吸收使骨骼牙齿得以生长发育；胆固醇可在肾上腺皮质转化为肾上腺皮质激素；在性腺转化为性激素，进行信号传递。胆固醇也作为生物膜的结构成分，有助于增强细胞膜的坚韧性。人体缺少胆固醇时，细胞膜就会遭到破坏，噬异变细胞——白细胞的活性减弱，不能有效地识别、杀伤和吞噬包括癌细胞在内的变异细胞，人体就会患癌症、抑郁症等疾病，而且易衰老。胆固醇又分为高密度胆固醇和低密度胆固醇两种，前者对心血管有保护作用，通常称之为"好胆固醇"；后者偏高，会造成动脉粥样硬化，而动脉粥样硬化又是冠心病、心肌梗死和脑猝死的主要因素，通常称之为"坏胆固醇"。

促进脂溶性维生素等营养素的吸收。有些不溶于水而只溶于脂类的维生素如维生素 A、D、E、K 等，只有溶于脂肪中才能被吸收利用。因此，摄取脂肪就能促进食物中的脂溶性维生素的吸收。

参与信号识别和免疫。脂肪在体内还构成生物活性物质，如糖脂与蛋白质结合形成糖蛋白，在细胞识别、信号传递中起重要作用。

供给必需脂肪酸。有些多不饱和脂肪酸是人体不能合成的，如亚油酸、亚麻酸和花生四烯酸等，而它们又是人体所必需的，具有多种生理功能，只能从食物中摄取，因此，把它们叫作"必需脂肪酸"。动物实验证明，缺乏必需脂肪酸时，生长迟缓，体、尾出现鳞屑样皮炎。

(二) 脂类的消化和吸收

一般人每日从食物中消化的脂类中甘油三酯占到90%以上，除此以外还有少量的磷脂、胆固醇酯和一些游离脂肪酸。由于口腔中没有消化脂类的酶，胃中虽有少量脂肪酶，但此酶只有在中性 pH 值时才有活性，在正常胃液中此酶几乎没有活性（但是婴儿时期，胃酸浓度低，胃中 pH 接近中性，脂肪尤其是乳脂可被部分消化），因此食物中的脂类在成人口腔和胃中不能被消化。脂类的消化及吸收主要在小肠中进行，首先在小肠上段，通过小肠蠕动，由胆汁中的胆汁酸盐对食物脂类乳化，使不溶于水的脂类分散成水包油的小胶体颗粒，增加了酶与脂类的接触面积，有利于脂类的消化及吸收。在形成的水油界面上，分泌入小肠的胰液中包含的酶类，开始对食物中的脂类进行消化，这些酶包括胰脂肪酶、辅脂酶、胆固醇酯酶和磷脂酶 A2。食物中的脂肪乳化后，被胰脂肪酶水解甘油三酯的 1 和 3 位上的脂肪酸，生成 2- 甘油一酯和脂肪酸。此反应需要辅脂酶协助，将脂肪酶吸附在水界面上，有利于胰脂酶发挥作用。食物中的磷脂被磷脂酶 A2 催化，在第 2 位上水解生成溶血磷脂和脂肪酸，胰腺分泌的是磷脂酶 A2 原，无活性，在肠道被胰蛋白酶水解，释放一个 6 肽后成为有活性的磷脂酶 A，催化上述反应。食物中的胆固醇酯被胆固醇酯酶水解，生成胆固醇及脂肪酸。食物中的脂类经上述胰液中酶类消化后，生成甘油一酯、脂肪酸、胆固醇及溶血磷脂等，这些产物极性明显增强，与胆汁乳化成混合微团。这种微团体积很小（直径 20 nm），极性较强，可被肠黏膜细胞吸收。

脂类的吸收主要在十二指肠下段和盲肠。甘油及中短链脂肪酸（≤ C_{10}）无须混合微团协助，直接吸收入小肠黏膜细胞后，进而通过门静脉进入血液。长链脂肪酸及其他脂类消化产物随微团吸收入小肠黏膜细胞。长链脂肪酸在脂酰 CoA 合成酶催化下，生成脂酰 CoA，此反应消耗 ATP。脂酰 CoA 可在转酰基酶作用下，将甘油一酯、溶血磷脂和胆固醇酯化生成相应的甘油三酯、磷脂和胆固醇酯。体内具有多种转酰基酶，它们识别不同长度的脂肪酸催化特定酯化反应。这些反应可看成脂类的改造过程，在小肠黏膜细胞中，生成的甘油三酯、磷脂、胆固醇酯及少量胆固醇，与细胞内合成的载脂蛋白构成乳糜微粒，通过淋巴最终进入血液，被其他细胞所利用。可见，食物中脂类的吸收与糖的吸收不同，大部分脂类通过淋巴直接进入体循环，而不通过肝脏。因此食物中的脂类主要被肝外组织利用，肝脏利用外源的脂类是很少的。

脂类的水解产物，如脂肪酸、甘油一酯和胆固醇等都不解于水。它们与胆汁中的胆盐形成水溶性微胶粒后，才能通过小肠黏膜表面的静水层到达微绒毛上。在这里，脂肪酸、甘油一酯等从微胶粒中释出，它们通过脂质膜进入肠上皮细胞内，胆盐则回到肠腔。进入上皮细胞内的长链脂肪酸和甘油一酯，大部分重新合成甘油三酯，并与细胞中的载脂蛋白合成乳糜微粒，若干乳糜微粒包裹在一个囊泡内。当囊泡移行到细胞侧膜时，便以出胞作用的方式离开上皮细胞，进入淋巴循环，然后归入血液。中、短链甘油三酯水解产生的脂肪酸和甘油一酯是水溶性的，可直接进入门静脉而不入淋巴。

(三) 血浆脂蛋白组成和功能

血浆脂蛋白主要由蛋白质、甘油三酯、磷脂、胆固醇及其酯组成。游离脂肪酸与清蛋白结合而运输，不属于血浆脂蛋白之列。乳糜微粒（CM）最大，含甘油三酯最多，蛋白质最少，故密度最小。极低密度脂蛋白（VLDL）含甘油三酯亦多，但其蛋白质含量高于 CM。低密度脂蛋白（LDL）含胆固醇及胆固醇酯最多。高密度脂蛋白（HDL）含蛋白质量最多。

1. 脂蛋白的结构

血浆各种脂蛋白具有大致相似的基本结构。疏水性较强的甘油三酯及胆固醇酯位于脂蛋白的内核，而载脂蛋白、磷脂及游离胆固醇等双性分子则以单分子层覆盖于脂蛋白表面，其非极性向朝内，与内部疏水性内核相连，其极性基团朝外，脂蛋白分子呈球状。CM 及 VLDL 主要以甘油三酯为内核，LDL 及 HDL 则主要以胆固醇酯为内核。因脂蛋白分子朝向表面的极性基团亲水，增加了脂蛋白颗粒的亲水性，使其能均匀地分散在血液中。从 CM 到 HDL，直径越来越小，故外层所占比例增加，所以 HDL 含载脂蛋白、磷脂最高。

2. 载脂蛋白

脂蛋白中的蛋白质部分称载脂蛋白，主要有 ApoA、B、C、D、E 五类。不同脂蛋白含不同的载脂蛋白。载脂蛋白是双性分子，疏水性氨基酸组成非极性面，亲水性氨基酸为极性面，以其非极性面与疏水性的脂类核心相连，使脂蛋白的结构更稳定。

3. 代谢

（1）乳糜微粒

其主要功能是转运外源性甘油三酯及胆固醇。外源性甘油三酯消化吸收后，在小肠黏膜细胞内再合成甘油三酯、胆固醇，与载脂蛋白形成 CM，经淋巴入血运送到肝外组织中，在脂蛋白脂肪酶作用下，甘油三酯被水解，产物被肝外组织利用，CM 残粒被肝摄取利用。

（2）极低密度脂蛋白（VLDL）

其是运输内源性甘油三酯的主要形式。肝细胞及小肠黏膜细胞自身合成的甘油三酯与载脂蛋白、胆固醇等形成 VLDL，分泌入血，在肝外组织脂肪酶作用下水解利用，在水解过程中 VLDL 与 HDL 相互交换，VLDL 变成 LDL 被肝摄取代谢。

（3）低密度脂蛋白

入血浆中的 LDL 是由 VLDL 转变而来的，它是转运肝合成的内源性胆固醇的主要形式。肝是降解 LDL 的主要器官，肝及其他组织细胞膜表面存在 LDL 受体，可摄取 LDL，其中的胆固醇酯水解为游离胆固醇及脂肪酸，水解的游离胆固醇可抑制细胞本身胆固醇合成，减少细胞对 LDL 的进一步摄取，且促使游离胆固醇酯化在胞液中储存。此反应是在内质网脂酰 CoA 胆固醇脂酰转移酶（ACAT）催化下进行的。

除 LDL 受体途径外，血浆中的 LDL 还可被单核吞噬细胞系统清除。

（4）高密度脂蛋白

其主要作用是逆向转运胆固醇，将胆固醇从肝外组织转运到肝代谢。新生 HDL 释放入血后经系列转化，将体内胆固醇及其酯不断从 CM、VLDL 转入 HDL，其中起主要作用的是血浆卵磷脂胆固醇脂酰转移酶（LCAT），最后使新生 HDL 变为成熟 HDL，成熟 HDL 与肝细胞膜 HDL 受体结合被摄取，其中的胆固醇合成胆汁酸或通过胆汁排出体外，如此可将外周组织中衰老细胞膜中的胆固醇转运至肝代谢并排出体外。

（5）高脂血症

血脂高于正常人上限即为高脂血症，表现为甘油三酯、胆固醇含量升高，表现在脂蛋白上，CM、VLDL、LDL皆可升高，但HDL一般不增加。

三、蛋白质

（一）多肽及蛋白质

蛋白质是由二十多种氨基酸以"脱水缩合"的方式组成的多肽链，经过盘曲折叠形成的具有一定空间结构的物质。蛋白质是组成人体一切细胞、组织的重要成分，是生命的物质基础，占人体重量的16%～20%。人体内蛋白质的种类很多，性质、功能各异，但都是由二十多种氨基酸按不同比例组合而成的，并在体内不断进行代谢与更新。

氨基酸是组成蛋白质的基本单位，由碳、氢、氧、氮、硫等多种元素构成。

一个氨基酸的羧基与另一个氨基酸的氨基缩合，脱去一分子水形成的酰胺键即肽键。两个或两个以上氨基酸通过肽键共价连接形成的聚合物被称为肽。按其组成的氨基酸数目，肽分为二肽、三肽和四肽等，一般由十个以下氨基酸组成的肽称寡肽，由十个以上氨基酸组成的肽称多肽。肽链中的氨基酸已不是游离的氨基酸分子，因为其氨基和羧基在生成肽键中都被结合了，因此多肽和蛋白质分子中的氨基酸均称为氨基酸残基。

多肽有开链肽和环状肽。在人体内主要是开链肽。开链肽具有一个游离的氨基末端和一个游离的段基末端，分别保留有游离的 α- 氨基和 α- 羧基，故又称为多肽链的 N 端 (氨基端) 和 C 端 (羧基端)。书写时一般将 N 端写在分子左边，并以此开始对多肽分子中的氨基酸残基依次编号，而将肽链的 C 端写在分子的右边。目前已有约二十万种多肽和蛋白质分子中的氨基酸组成、排列顺序被测定出来，其中不少具有重要的生理功能或药理作用。例如，谷胱甘肽在红细胞中含量丰富，分子中谷氨酸是以其 γ- 羧基与半胱氨酸的 α- 氨基脱水缩合生成肽键。谷胱甘肽有还原型与氧化型两种，在细胞中可进行可逆的氧化还原反应，具有保护细胞膜结构及使细胞内酶蛋白处于还原、活性状态的功能。又如，一些"脑肽"与人体的记忆、睡眠、食欲和行为都有密切关系，多肽已成为生物化学中引人瞩目的研究领域之一。

多肽和蛋白质的区别一方面是多肽中氨基酸残基数较蛋白质少，一般少于五十个，而蛋白质大多由一百个以上氨基酸残基组成，但它们在数量上没有严格的分界线。除分子量外，现在还认为多肽一般没有严密并相对稳定的空间结构，其空间结构易变、具有可塑性；而蛋白质分子则具有相对严密、比较稳定的空间结构，这也是蛋白质发挥生理功能的基础。

（二）蛋白质的消化和吸收

1. 消化

胃中的消化：胃分泌的盐酸可使蛋白变性，容易消化，还可激活胃蛋白酶，胃蛋白酶可自催化激活，分解蛋白产生蛋白胨。胃的消化作用很重要，但不是必需的，如胃全切除的人仍可消化蛋白。

肠是消化的主要场所。肠分泌的碳酸氢根可中和胃酸，为胰蛋白酶、糜蛋白酶、弹性蛋白酶、羧肽酶、氨肽酶等提供合适环境。肠激酶激活胰蛋白酶，再激活其他酶，所以胰蛋白酶起核心作用，胰液中有抑制其活性的小肽，防止在细胞或导管中过早被激活。外源蛋白在肠道分解为氨基酸和小肽，经特异的氨基酸、小肽转运系统进入肠上皮细胞，小肽再被氨肽酶、羧肽酶和二肽酶彻底水解，进入血液。所以饭后门静脉中只有氨基酸。

2. 氨基酸的吸收机制

蛋白质消化的最终产物为氨基酸和小肽（主要为二肽、三肽），可被小肠黏膜吸收。但小肽吸收进入小肠黏膜细胞后，即被胞质中的肽酶（二肽酶、三肽酶）水解成游离氨基酸，然后离开细胞进入血循环，因此门静脉血中几乎找不到小肽。

肠黏膜上皮细胞的黏膜面的细胞膜上有若干种特殊的运载蛋白（载体），能与某些氨基酸和 Na^+ 在不同位置上同时结合，结合后运载蛋白的构象发生改变，从而把膜外（肠腔内）氨基酸和 Na^+ 都转运入肠黏膜上皮细胞内。Na^+ 则被钠泵打出至胞外，造成黏膜面内外的 Na^+ 梯度，有利于肠腔中的 Na^+ 继续通过运载蛋白进入细胞内，同时带动氨基酸进入。因此，肠黏膜上氨基酸的吸收是间接消耗 ATP，而直接的推动力是肠腔和肠黏膜细胞内 Na^+ 梯度的电位势。氨基酸的不断进入使得小肠黏膜上皮细胞内的氨基酸浓度高于毛细血管内，于是氨基酸通过浆膜面相应的载体转运至毛细血管血液内。黏膜面的氨基酸载体是 Na^+ 依赖的，而浆膜面的氨基酸载体则不依赖 Na^+。现已证实前者至少有 6 种，各对某些氨基酸起转运作用：①中性氨基酸，短侧链或极性侧链（丝、苏、丙）载体；②中性氨基酸，芳香族或疏水侧链（苯丙、酪、甲硫、缬、亮、异亮）载体；③亚氨基酸（脯、羟脯）载体；④氨基酸（丙氨酸、牛磺酸）载体；⑤碱性氨基酸和胱氨酸（赖、精、胱）载体；⑥酸性氨基酸（天、谷）载体。

肾小管对氨基酸的重吸收也是通过上述机制进行的。

小肠黏膜和肾小管还可通过谷氨酰基循环吸收氨基酸。谷胱甘肽在这一循环中起着重要作用。这也是一个主动运送氨基酸通过细胞膜的过程，氨基酸在进入细胞之前先在细胞膜上转肽酶的催化下，与细胞内的谷胱甘肽作用生成γ-谷氨酰氨基酸并进入细胞质内，然后再经其他酶催化将氨基酸释放出来，同时使谷氨酸重新合成谷胱甘肽，进行下一次转运氨基酸的过程，因为氨基酸不能自由地通过细胞质膜。

(三) 蛋白质的功能

蛋白质是构成人体的基本物质，生命的产生、存在和消亡，无一不与蛋白质有关，蛋白质是生命的物质基础，生命是蛋白质存在的一种形式。如果人体内缺少蛋白质，轻者体质下降，发育迟缓，抵抗力减弱，贫血乏力；重者形成水肿，甚至危及生命。故有人称蛋白质为"生命的载体"。可以说，它是生命的第一要素。蛋白质的功能如下：

①蛋白质是一切生命的物质基础，占人体干重一半以上，人体任何一个细胞组织和器官都含有蛋白质，人体新组织的形成、外伤的痊愈都需要合成新的蛋白质。

②人体新陈代谢的全部化学反应离不开酶的催化作用，而所有的酶均由蛋白质构成。酶是人体物质代谢的催化剂，可促进人体物质代谢，促进生长发育。有些促进青少年生长发育的激素，参与骨细胞分化、骨的形成、骨的再建和更新等过程的骨矿化结合素、骨钙素、碱性磷酸酶、人骨特异生长因子等物质，也均为蛋白质及其衍生物。所以，蛋白质是人体生长发育中最重要的化合物。

③人体抗体、补体、干扰素也是蛋白质，因此蛋白质能增强人体免疫能力。

④当糖类和脂肪摄入不足时，人体利用蛋白质提供能量。每克蛋白质可提供16.75 J的热能。

⑤蛋白质水解可以产生人体必需的氨基酸，对人体的生长发育非常重要。

⑥载体蛋白可以在体内运载各种物质。比如红细胞中的血红蛋白运送氧气和二氧化碳、脂蛋白输送脂肪、转运蛋白运输离子和分子物质等。

⑦蛋白质作为肌肉的重要成分，肌肉收缩和舒张主要是由以肌球蛋白为主要成分的粗丝以及以肌动蛋白为主要成分的细丝相互滑动来完成的。

⑧蛋白质作为细胞接收信号的受体和细胞相互识别的物质，在信号传递、细胞识别中起重要作用。

⑨蛋白质还参与基因表达的调节以及细胞中氧化还原、电子传递、神经传递乃至学习和记忆等多种生命活动过程。

蛋白质的缺乏常导致代谢率下降，对疾病抵抗力减退，儿童的生长发育迟缓、体质下降、淡漠、易怒、贫血以及干瘦或水肿；男性一旦缺失蛋白质，会导致精子质量下降，精子活力降低以及精子不液化，造成男性不育。

蛋白质摄取过量会在体内转化成脂肪，造成脂肪堆积，血液的酸性提高，消耗大量的钙质。过多的动物蛋白摄入，会造成含硫氨基酸摄入过多，加速骨骼中钙质的流失，易导致骨质疏松。蛋白质摄取过量，过多的蛋白质将被脱氨分解，氮则由尿排出体外，这一过程需要大量水分，从而加重肾脏的负荷。

四、维生素

人体犹如一座极为复杂的化工厂，不断地进行着各种生化反应。其反应与酶的催化作用有密切关系。许多酶必须有辅酶参加才有活性。维生素也称维他命，其化学本质为低分子有机化合物，可作为酶的辅酶或辅基，调控酶的活性，从而调控人体的生长发育，是维持人体新陈代谢和生理功能不可缺少的一类营养，被称为"维持生命的营养素"。它们不能在人体内合成，或者所合成的量难以满足机体的需要，必须由食物供给。如果长期缺乏某种维生素，就会导致疾病。

(一) 维生素的特点

1. 外源性

人体自身不可合成 (维生素 D 人体可以少量合成，但不能满足需要，仍被当成维生素)，需要通过食物补充。

2. 微量性

人体所需量很少，但是可以发挥巨大作用。

3. 调节性

维生素能够调节人体新陈代谢或能量转变。

4. 特异性

缺乏了某种维生素后，人将呈现特有的病态。

(二) 维生素的种类

维生素的种类很多，通常按其溶解性分为脂溶性维生素和水溶性维生素两大类。前者有 A、D、E、K，不溶于水，而溶于脂肪及脂溶剂，在食物中与脂类共同存在，在肠道吸收时与脂类吸收密切相关。当脂类吸收不良时，如胆道梗阻或长期腹泻，它们的吸收大为减少，甚至会引起缺乏症。脂溶性维生素排泄效率低，故摄入过多时可在体内蓄积，产生有害作用，甚至发生中毒。

水溶性维生素包括 B 族维生素（B_1、B_2、B_6、B_{12}、PP）和抗坏血酸——维生素 C 等。水溶性维生素溶于水，不溶于脂肪及有机溶剂，容易从尿中排出体外，且排出效率高，一般不会产生蓄积和毒害作用。

五、矿物质

矿物质又称无机盐，是构成人体组织和维持正常生理功能必需的各种元素的总称。

人体96%是有机物和水分，4%为矿物质。人体内有五十多种矿物质，其中二十种左右元素是构成人体组织、维持生理功能、生化代谢所必需的，除碳、氢、氧、氮主要以有机化合物形式存在外，其余矿物质都以无机盐形式存在。

人体必需的矿物质钙、磷、镁、钾、钠、硫、氯7种的含量占人体0.01%以上，膳食摄入量大于100 mg/d，被称为常量元素。而铁、锌、铜、钴、钼、硒、碘、铬8种矿物质含量占人体0.01%以下，膳食摄入量小于100 mg/d，称为微量元素。锰、硅、镍、硼和钒5种是人体可能必需的微量元素；氟、铅、汞、铝、砷、锡、锂和镉等微量元素有潜在毒性，一旦摄入过量可能对人体造成病变或损伤，但在低剂量下对人体又是可能的必需微量元素。无论哪种元素，与碳水化合物、脂类和蛋白质相比，都是非常少量的。

矿物质在人体新陈代谢过程中发挥重要的功能，每天都有一定的矿物质通过粪便、尿液、汗液、头发等途径排出体外，矿物质在体内不能自行合成，必须通过饮食补充。人体内矿物质不足可能出现许多病症，但由于某些矿物质元素相互之间存在协同或拮抗效应，矿物质在体内的生理作用剂量与中毒剂量非常接近，如果摄取过多则容易引起中毒。

矿物质在食物和体内组织器官中的分布不均匀，在我国人群中比较容易缺乏的有钙、铁、锌。在特殊地理环境或其他特殊条件下，也可能有碘、硒、氟、铬等其他元素的缺乏问题。

(一) 矿物质的一般功能

1. 在酶系统中起特异的活化中心作用

分子生物学的研究表明，矿物质通过与酶蛋白或辅酶等基团侧链结合，使酶蛋白的亚单位保持在一起，或把酶底物结合于酶的活性中心，提高酶的活性。迄今发现体内的一千余种酶中，多数需要微量元素参与激活。

2. 在激素和维生素中起特异的生理作用

某些矿物质是激素或维生素的成分，有些矿物质还参与激素与维生素的合成。缺少这些矿物质，就不能合成相应的激素或维生素，机体的生理功能就会受到影响。例如，碘为甲状腺激素的生物合成及结构成分所必需；而锌对维持胰岛素的结构不可或缺。

3.具有载体和电子传递体的作用

某些矿物质具有载体和电子传递体的作用。如铁是血红蛋白中氧的携带者，把氧输送到各组织细胞；铁和铜作为呼吸链的传递体，传递电子，完成生物氧化。

4.参与组织构成，维持体液平衡、神经肌肉兴奋性和细胞膜通透性

某些矿物质参与构成骨骼、牙齿、肌肉、腺体、血液、毛发等组织，维持神经、肌肉正常生理功能，维持心脏的正常搏动。矿物质在体液内与钾、钠、钙、镁等离子协同，可起到调节渗透压和体液酸碱度的作用。钾、钠、钙、镁能维持神经肌肉兴奋性和细胞膜通透性。

5.影响核酸代谢

对核酸的物理、化学性质均可产生影响。核酸中含有相当多的钴、铁、锌、锰、铜、镍等矿物质，影响核酸的代谢。多种 RNA 聚合酶中含有锌，而核苷酸还原酶的作用则依赖于铁。因此，微量元素在遗传中起着重要的作用。

6.防癌、抗癌作用

有些矿物质有一定的防癌、抗癌作用。如铁、硒等对胃肠道癌有拮抗作用；镁对恶性淋巴病和慢性白血病有拮抗作用；锌对食管癌、肺癌有拮抗作用；碘对甲状腺癌和乳腺癌有拮抗作用。

(二)部分矿物质的功能

1.锌的生理功能

锌不仅是 DNA 聚合酶、RNA 聚合酶等几十种酶的必需成分，也是某些酶的激活剂，同近百种酶的活性有关，控制着蛋白质、脂肪、糖以及核酸的合成和降解等各种代谢过程。

锌影响激素分泌和活性。每个胰岛素分子结合 2 个锌原子，维持胰岛素的结构，提高胰岛素的活性，防治糖尿病。

锌影响性激素的合成和活性，促进性器官发育，提高性能力，大量锌存在于男性睾丸中，参与精子的生成、成熟和获能的过程。青少年一旦缺锌，会影响男性第二性征出现，精子数量减少、活力下降、精液液化不良，性功能低下，严重者可造成男性不育症；女性可出现月经不调或闭经，造成孕妇妊娠反应加重：嗜酸，呕吐加重，宫内胎儿发育迟缓，导致低体重儿，分娩并发症增多，产程延长、早产、流产，胎儿畸形、脑功能不全。

锌影响生长素的合成和活性。儿童和青少年缺锌，可使生长停滞，身材矮小、瘦弱，甚至侏儒。毛发色素变淡、指甲上出现白斑。

唾液内有一种唾液蛋白，称为味觉素，其分子内含有两个锌离子。锌通过味觉

素影响味觉和食欲，味觉素还是口腔黏膜上皮细胞的营养素，缺锌后，口腔溃疡，口腔黏膜上皮细胞就会大量脱落，脱落的上皮细胞掩盖和阻塞乳头中的味蕾小孔，使食物难以接触味蕾小孔，自然难以品尝食物的滋味，从而使食欲降低，厌食，生长缓慢，面黄肌瘦，毛发脱落，口、眼、肛门或外阴部发红、丘疹、湿疹、口腔溃疡，受损伤口不易愈合，青春期痤疮等；如果严重，会出现异食癖，甚至导致死亡。

锌是免疫器官胸腺发育的营养素，可促进 T 淋巴细胞正常分化，提高细胞免疫功能。缺锌可引起细胞免疫功能低下，使人容易患感染性疾病，如呼吸道感染、支气管肺炎、腹泻等。

锌在脑的生理调节中起着非常重要的作用，影响神经系统的结构和功能，与强迫症等精神方面障碍的发生、发展有一定的联系。缺锌使脑细胞减少，影响智力发育。

锌参与骨骼、皮肤正常生长，维持上皮黏膜组织的正常黏合，促进伤口愈合。如果缺锌，伤口长期不能愈合。对伤口或皲裂很深的口子，外科常采用氧化锌软膏，治疗效果较好。

锌与维生素 A 还原酶的合成及维生素 A 的代谢有关，促进维生素 A 吸收，提高暗光视觉，改善夜间视力。

2. 锰的生理功能

锰在人体蛋白质、核酸和糖代谢中有着重要作用，对心血管系统、神经系统、内分泌系统及免疫系统功能都有重要影响。

锰在人体内一部分作为金属酶组成部分，如精氨酸酶、丙酮酸羧化酶和锰超氧化物歧化酶；一部分作为酶的激活剂起作用，如水解酶、激酶、脱氢酶和转移酶等。锰通过与底物结合或直接与酶蛋白结合，引起分子构象改变。

锰促进骨骼的生长发育，维持正常的糖代谢和脂肪代谢，改善机体的造血功能。保护细胞中线粒体的完整，线粒体中的许多酶都含有锰，线粒体多的组织含锰量高。

锰在维持正常脑功能中不可或缺，锰还能与其他离子一同参与中枢神经系统神经递质的传递，与智力发展、思维、情感、行为均有一定关系。缺少时可引起神经衰弱综合征。癫痫病人、精神分裂症病人头发和血清中锰含量均低于正常人。

哺乳类动物的衰老可能与锰——过氧化物酶减少引起抗氧化作用降低有关，因而长寿可能与锰存在一定的关系。我国广西巴马县的长寿老人锰含量明显高于其他地区。

3. 碘的生理功能

碘通过与甲状腺素结合促进三羧酸循环和生物氧化，协调生物氧化和磷酸化的偶联、调节能量转换，维持基本生命活动，维持垂体的生理功能。

甲状腺素能活化体内一百多种酶，如细胞色素酶系、琥珀酸氧化酶系、碱性磷酸酶等，促进物质代谢。当蛋白质摄入不足时，甲状腺素有促进蛋白质合成作用；当蛋白质摄入充足时，甲状腺素可促进蛋白质分解。甲状腺素能加速糖的吸收利用，促进糖原和脂肪分解氧化，调节血清胆固醇和磷脂浓度等。

甲状腺素可促进组织中水盐进入血液并从肾脏排出，缺乏时可引起组织内水盐滞留，在组织间隙出现含有大量黏蛋白的组织液，发生黏液性水肿。

促进维生素的吸收利用。甲状腺素可促进烟酸的吸收利用，促进胡萝卜素转化为维生素 A 及核黄素合成核黄素腺嘌呤二核苷酸等。

甲状腺素促进中枢神经系统和骨骼的正常发育。儿童的身高、体重、骨骼、肌肉的生长发育和性发育都有赖于甲状腺素。在人脑发育的初级阶段（从怀孕开始到婴儿出生后 2 岁），神经系统发育依赖甲状腺素，如果此时缺碘，会导致婴儿的脑发育落后，严重的在临床上称为"呆小症"，而且这个过程是不可逆的。

4. 铁的生理功能

铁参与氧的运输和储存。红细胞中的血红蛋白是运输氧的载体；血红蛋白中 4 个血红素和 4 个球蛋白结合使血红蛋白既能与氧结合又不被氧氧化，在从肺输送氧到组织的过程中起着关键作用。铁是血红蛋白的组成成分，与氧结合，把氧运输到身体的每一个部分，供细胞呼吸氧化，以提供能量，并将二氧化碳带出细胞。

人体肌红蛋白存在于肌肉中，由一个亚铁血红素和一个球蛋白链组成，并结合着氧，仅存在于肌肉组织内，是肌肉中的"氧库"，在肌肉中转运和储存氧，当运动时肌红蛋白中的氧释放出来，随时供应肌肉活动所需的氧。心、肝、肾这些具有高度生理活性细胞线粒体的器官内储存的铁特别多，线粒体是细胞的"能量工厂"，铁直接参与能量的释放。

铁还是人体内氧化还原反应系统中电子传递的载体，也是一些酶如过氧化氢酶和细胞色素氧化酶等的重要组成部分。细胞色素是一系列血红素的化合物，通过其在线粒体中的电子传导作用，调节组织呼吸，对呼吸和能量代谢有非常重要的影响，如细胞色素 a、b 和 c 是氧化磷酸化、产生能量所必需的。

在含铁酶中铁可以是非血红素铁，如参与能量代谢的 NAP 脱氢酶和琥珀酸脱氢酶，也可以是血红素铁，如对氧代谢副产物起反应的氢过氧化物酶，还有磷酸烯醇丙酮酸羟激酶（糖产生通路限速酶），核苷酸还原酶（DNA 合成所需的酶）等，对人体代谢起重要的作用。

铁调节 β- 胡萝卜素转化为维生素 A、嘌呤与胶原的合成，脂类从血液中转运以及药物在肝脏的解毒等。

铁促进抗体的产生，增加中性白细胞和吞噬细胞的吞噬能力，提高机体的免疫力。铁缺乏，抗体产生减慢，抗氧化酶活性降低，人体抵抗病原微生物的能力减弱。

铁对于贫血、注意力不集中、智力减退、食欲不振、异食症（如吃墙皮、破纸等）等均有治疗和预防作用。

六、水

水是维持人体正常生理活动的重要物质。成人体内水分占体重的60%左右，而体液是由水、电解质、低分子化合物和蛋白质组成的，广泛分布在细胞内外，构成人体内环境。其中细胞内液约占体重的40%，细胞外液占体重的20%（其中血浆占5%、组织内液占15%）。细胞外液对于营养物质的消化、吸收、运输和代谢、废物的排泄均有重要作用。一旦机体丧失水分达到20%，就无法维持生命。

水的生理功能：

水是人体一切生物化学反应进行的场所：水在体内直接参与了水解、水化、加水脱氢等重要生物化学反应。

水是良好的溶剂，能使许多物质溶解，有利于氧气和各营养物质及代谢产物的运输。

水的比热大，水的蒸发热也大，血液中90%是水，它的流动性大，因而随着血液循环到达全身各部位，吸收代谢过程中产生大量热量而使体温保持基本稳定，维持产热与散热的平衡，对体温调节起重要作用。

水在体内还有润滑作用。如唾液有助于食物吞咽，泪液有助于眼球转动，关节滑液有助于关节活动等。

体内还有部分水与蛋白质、黏多糖和磷脂等结合，称为结合水。其功能之一是保证各种肌肉具有独特的机械功能。例如，心肌大部分以结合水的形式存在，并无流动性，这是使心肌成为坚实有力舒缩性组织的条件之一。

第二章　营养与能量平衡

第一节　能值及其测定

一、能量与能量单位

(一)能量的作用及意义

能量是人类赖以生存的基础。人们为了维持生命、生长、发育、繁衍后代和从事各种活动，每天必须从外界取得一定的物质和能量，这些通常由食物提供。唯有源源不断地供给食物，人体才能做机械功、渗透功和进行各种化学反应，如心脏搏动、血液循环、肺的呼吸、肌肉收缩、腺体分泌，以及各种生物活性物质的合成等。

食物能量的最终来源是太阳能，即由植物利用太阳光能，通过光合作用，把二氧化碳、水和其他无机物转变成有机物，如碳水化合物、脂肪和蛋白质，以供其生命活动之所需，并将其生命过程的化学能直接或间接保持在三磷酸腺苷的高能磷酸键中。动物和人则将植物的储能(如淀粉)变成自己的潜能，以维持自己的生命活动。这本身又是通过动物和人的代谢活动将其转变成可利用的形式(ATP)来进行的。此外，人类尚可以动物为食获取能量。动物通常是以其组织合成与脂肪沉积作为储能；而人类则多选取动物为食，部分能量被损耗。

(二)能量单位

能量有多种形式，并可有不同的表示。多年来人们对人体摄食和消耗的能量，通常都是用热量单位即卡或千卡表示。1cal 相当于 1g 水从 15°C 升高到 16°C，即温度升高 1°C 所需的热量，营养学上通常以它的 1 000 倍，即千卡为常用单位。实际上，我们对物质世界的研究，从银河系到我们的身体，或一个简单的化学物质，其能量无论是原子能、化学能、机械能等都是一个基本的物理量，只是形式不同而已。过去所用的单位很多，既有米制单位，又有英制单位。而在国际制里则仅用焦耳作为一切能量的单位。这不仅反映了过去被割裂了的几种能量之间的物理关系，而且也精简了许多换算关系。此外，营养学上所用的卡，在定义和数值上不止一种，也有过混乱。

统一以焦耳为单位虽然可以消除以卡为单位的混乱，但是营养学上的食物成分表至今仍未普遍采用焦耳来代替卡。WHO 建议暂时在食物成分表里平行列出热化学卡和焦耳的数值以作过渡。

1 J 相当于用 1N 的力将 1kg 物体移动 1m 所需的能量。1000 J 称为 1 kJ，1000 kJ 称为 1 大焦耳或 1 兆焦耳（1MJ）。

焦耳与卡的换算关系如下：

1 千卡（kcal）= 4.184 千焦耳（kJ）

1 千焦耳（kJ）= 0.239 千卡（kcal）

近似计算为：

1 千卡 = 4.2 千焦耳

1 千焦耳 = 0.24 千卡

粗略换算时可采用乘以 4 或除以 4 表示。

二、能值及其测定

（一）食物能值与生理能值

食物能值是食物彻底燃烧时所测定的能值，即"物理燃烧值"，或称"总能值"。食物中具有供能作用的物质如碳水化合物、脂肪和蛋白质称为三大产能营养素。碳水化合物和脂肪彻底燃烧时的最终产物均为二氧化碳和水。蛋白质在体外燃烧时的最终产物是二氧化碳、水和氮化物质等。

生理能值即机体可利用的能值，在体内，碳水化合物和脂肪氧化的最终产物与体外燃烧时相同，因考虑到机体对它们的消化、吸收情况（如纤维素不能被人类消化），故二者的生理能值与体外燃烧时可稍有不同。

蛋白质在体内的氧化并不完全，氨基酸等中的氮并未氧化成氮的氧化物或硝酸（这些物质对机体有害），而有部分能量的有机物如尿素、尿酸、肌酐等形式由尿排出。这些含氮有机物的能量均可在体外燃烧时测得。此外，再考虑到消化率的影响，便可得到机体由蛋白质氧化而来的可利用的能值。

（二）能值的测定

1. 食物能值的测定

食物能值通常用氧弹热量计或称弹式热量计进行测定，这是一个弹式密闭的高压容器，内有一白金坩埚，其中放入待测的食物试样，并充以高压氧，使其置于已知温度和体积的水浴中。用电流引燃，食物试样便在氧气中完全燃烧，所产生的热使水和热量计的温度升高，由此计算出该食物试样产生的能（热）量。

2. 人体能量消耗的测定

人体能量的消耗实际上就是指人体对能量的需要，较常用的测定方法有以下两种：

（1）直接测定法

这是直接收集并测量人体所放散的全部热能的方法。让受试者进入一特殊装备的小室，该室四周被水管包围并与外界隔热。机体所散发的热量可被水吸收，并通过液体和金属的传导进行测定。此法可对受试者在小室内进行不同强度的各种类型的活动所产生和放散的热能予以测定。此法原理简单，类似于氧弹热量计，但实际建造投资很大，且不适于复杂的现场测定，现已基本不用。

（2）间接测定法

此法广泛应用于人体能量的消耗。主要根据其耗氧量的多少来推算所消耗的能量。关于人体耗氧量的测定可通过收集所呼出的气量，来分析其中氧和二氧化碳的容积百分比。由于空气中含氧量一定，且可测定，故将吸入空气中的含氧量减去呼出气体中的含氧量，即可计算出一定时间内机体的耗氧量。

此外，还可利用自记呼吸量测定器进行测定。

第二节　影响人体能量需要的因素

人体的能量需要是指个体在良好健康状况下，与经济状况、社会所需体力活动相适应时，由食物摄取的并与所消耗相平衡的能量。对于儿童、孕妇或乳母，此能量的需要包括与组织的积存或乳汁的分泌有关的能量需要。

对于某一个体来说，一旦体重、劳动强度确定，并且生长速度一定，则能达到能量平衡的摄取量即为该个体的能量需要。若摄取量高于或低于这种需要，除非耗能相应改变，否则储能即有所改变。如耗能不变，当摄取量超过需要量时则能量主要以脂肪组织的形式储存；摄取量低于需要量则体内脂肪减少。事实上，任何个体都有一个可接受的健康体重范围。当然，如果这种不平衡太大，或持续的时间太长，则体重和身体组成成分的变化对身体的机能和健康会带来危害。

人体能量的消耗主要由三方面组成：①维持基础代谢；②对食物的代谢反应；③从事各种活动和劳动。它们也是能量需要的所在。

一、基础代谢

(一) 基础代谢与基础代谢率

基础代谢是维持生命最基本活动所必需的能量需要。具体说，按照FAO的方法是在机体处于空腹12~14 h，睡醒静卧，室温保持在26~30℃，无任何体力活动和紧张思维活动，全身肌肉松弛，消化系统安静状态下测定的能量消耗。这实际上是机体处于维持最基本的生命活动状态下，即用于维持体温、脉搏、呼吸、各器官组织和细胞基本功能等最基本的生命活动所需的能量消耗。

在上述条件下所测定的基础代谢速率称为基础代谢率。它是指单位时间内人体所消耗的基础代谢能量。过去常用单位时间内人体每平方米体表面积所消耗的基础代谢能量表示 $[kJ/(m^2 \cdot h)]$，现在则多用单位时间内每千克体重所消耗的基础代谢能量表示 $[kJ/(kg \cdot h)]$ 或每天所消耗的能量表示 (MJ/d)。

(二) 基础代谢率的测定

过去一直认为基础代谢率与体表面积有关。尽管并没有很好的理论说明，但实际上却给出较恒定的数值。由于体表面积与身高、体重密切相关，因而可根据不同个体，按回归方程计算其体表面积，然后进一步查表计算基础代谢的能量。

此外，为了简化上述由身高、体重按一定公式计算体表面积和查表等，人们曾设计由身高、体重通过列线图求得体表面积，或直接由身高 (cm)、体重 (kg)、体表面积 (m^2) 和正常的标准代谢率 $[kJ/(m^2 \cdot h)]$ 直接确定其基础代谢的能量。但此列线图解法不适用于婴儿和6岁以下儿童，因为他们的基础代谢率太高。

(三) 影响基础代谢的因素

影响人体基础代谢的因素很多，主要有以下几种：

1. 年龄

这主要是因生长、发育和体力劳动强度随年龄增加而变化所致。儿童从出生到2岁生长速度相对最快，青少年身高、体重和活动量与日俱增，故所需能量增加。中年以后基础代谢逐渐降低、活动量也逐渐减少，需能下降，至于老年人的基础代谢则较成年人低10%~15%，因其活动更少，所需能量也更少。

年龄不同，身体组成差别很大。基础代谢主要取决于身体各组织的代谢活动、每种组织在身体中的比例以及它们在整个身体能量代谢中的作用。显然，身体组成的变化影响能量的需要。因为身体的某些器官和组织在代谢上更为活泼。此时肌肉代谢的能量需要很低。此外，肝脏在代谢上比肌肉更活泼，老人肌肉组织下降，相对的瘦体质所占的总体代谢率也有所改变。

2. 性别

男孩和女孩在青春期以前，基本的能量消耗按体重计差别很小。成长后男性有更多的肌肉组织。这在以去脂组织表示时，可降低其基础代谢率，因为肌肉的代谢率较低，但是女性的体脂含量更多，其基础代谢率比男性低约 5%（2% ~ 12%）。妇女在月经期以及怀孕、哺乳时基础代谢率均有所增高。

3. 营养及机能状况

在严重饥饿和长期营养不良时，身体基础代谢降低可达 50%。疾病和感染可提高基础代谢，体温升高时基础代谢大为增加。某些内分泌腺，如甲状腺、肾上腺和垂体的分泌对能量代谢也有影响。其中甲状腺最显著。甲状腺功能亢进即甲状腺素分泌增加，致使代谢加速的结果。反之则具有低于正常代谢的特征。肾上腺素可引起基础代谢暂时增加，垂体激素可刺激甲状腺和肾上腺而影响代谢。

4. 气候

尽管有证据表明，衣服穿得少且处于低气温环境中的人，即使没有颤抖，其基础代谢率也会增加。但一般认为，气候对基础代谢影响不大。因为人们可以通过增减衣服及改善居住条件等尽量减少这种影响。但长期处于寒冷和炎热地区的人有所不同，后者的基础代谢稍低。例如，印度人的基础代谢率比北欧人平均低约 10%。

二、对食物的代谢反应

对食物的代谢反应又称食物"特殊动力作用"或食物的热效应，是指人体由于摄食所引起的一种额外的热能损耗。

各种营养素中蛋白质的这种反应最强，相当于其本身产能的 30%，糖类则少得多，仅占其所产热能的 5% ~ 6%，脂肪更少，占 4% ~ 5%。当摄入一般的混合膳食时，因对食物的代谢反应而额外增加的热能消耗，每日约为 628 kJ（150 kcal），约为基础代谢的 10%。

关于作用机理，早期曾认为可能是由消化、吸收过程所引起，但它不能解释各种营养素之间何以有所不同，而且在将氨基酸直接注入血液、不经胃肠道时仍有此作用。现在认为主要是由机体对食物的代谢反应所引起的。因为营养素所含能量并非全被机体利用，只有在转变为 ATP 或其他高能磷酸键后才能做功。葡萄糖和脂肪的含能只有 38% ~ 40% 可转变为 ATP，蛋白质则仅有 32% ~ 34%。不能转变为 ATP 的部分则以热的形式向外散发。故进食后可见机体在安静状态下向外发散的热比进食前有所增加。

此外，摄入的葡萄糖和脂肪酸在体内进行合成代谢时均需要一定能量，而由氨基酸合成蛋白质所需能量更高。激活每分子氨基酸和形成肽链的连接需要 2 mol 的 ATP 和 1 mol 的 GTP（三磷酸鸟苷），每个核苷酸掺入 DNA（脱氧核糖核酸）、信使 RNA（核糖核酸）或转移 RNA 也都需要 1 个以上的高能磷酸键，每分子氨基酸转运透过细胞膜也需要 3 mol ATP，故蛋白质的合成需要消耗大量的能量。而蛋白质被消化分解成氨基酸后，在肝脏脱氨并合成尿素时也需要消耗一定能量。

三、体力活动

体力活动，特别是体力劳动是相同性别、年龄、体重和身体组成中影响个体能量需要的最重要因素。显然，劳动强度越大，持续时间越长，工作越不熟练时，所需能量越多。而这又与所从事的职业有很大关系。食物的摄取和能量的需要在人群中最重要的变数是职业所需体力劳动的能量消耗。但是，由于现代生产工具的不断革新和机械化、自动化程度的日益增长，要确切区分劳动等级也有一定困难。职业劳动强度粗略分为轻微、中等、重和极重劳动四级。

我国曾将体力劳动分为五级，即极轻、轻、中等、重和极重（女性没有极重，仅四级）。进入 21 世纪后，由于国民经济迅速发展，人民生活水平提高，劳动条件和劳保福利等得以改善，过去被定义为极重体力劳动已转移为重体力劳动。而过去被定义为极轻体力劳动（如办公室工作）也因参加一定的体育、娱乐活动而向轻体力劳动转移。因此，中国营养学会建议我国人民的活动强度可由五级调为三级（不排除少数例外），并估算成人能量的消耗如表 2-1 所示。

表 2-1　中国成人活动分级和能量消耗

级别	职业工作时间分配	工作内容举例	能量消耗	
			男	女
轻	75% 时间坐或站立 25% 时间站着活动	办公室工作、修理电器钟表、售货员、酒店服务员、化学实验操作、讲课等	1.55	1.56
中等	25% 时间坐或站立 75% 时间特殊职业活动	学生日常活动、机动车驾驶、电工安装、车床操作、金属切削等	1.78	1.64
重	40% 时间坐或站立 60% 时间特殊职业活动	非机械化农业劳动、炼钢、舞蹈、体育运动、装卸、采矿等	2.10	1.82

注：以 24 h 的基础代谢率倍数表示。

第三节　能量平衡与体重控制

一、能量平衡

能量平衡是制定能量供应量的理论依据。能量需要量的定义是：从食物供给的能量可平衡有一定身体大小与组成，有一定体力活动，并且长期健康良好的人体的能量消耗。对儿童和孕妇、乳母，能量需要量也包括组织生成和分泌乳汁的能量需要。因此，能量需要量是以满足人体能量消耗为目的，以维持能量平衡为最理想。

能量平衡的调节主要包含两部分：能量摄入和能量消耗。即

$$\Delta E = E_{in} - E_{out}$$

式中：E_{in}——摄入能量；

E_{out}——能量消耗。

当摄入能量大于消耗能量，也就是能量正平衡，吸收的能量在体内储存起来。体内储存能量分为三部分：糖原、可动用蛋白质、三酰甘油酯，其中以脂肪最多。当摄入能量小于消耗能量为能量负平衡，此时需消耗体脂，才能有效控制体重。

二、体重控制

能量平衡取决于饮食、体力活动和基因等对人的生长和体重的交互作用。人体能量代谢的最佳状态是达到能量消耗与能量摄入的平衡。这种能量平衡能使机体保持健康。当能量摄入大于消耗，能量平衡被打破，就会出现体重增加，脂肪积累。大量研究证实，体重和心血管疾病、代谢综合征、糖尿病、癌症及骨骼关节疾病等多种慢性疾病之间存在一定关系。因此，世界卫生组织将肥胖作为危害人类健康的重要因素。肥胖和一系列代谢性疾病已对21世纪的公共卫生事业提出严峻的挑战。

根据体质指数（BMI）的划分标准，即

$$BMI = 体重（kg）/ 身高（m）^2$$

我国规定：BMI < 18.5 为慢性营养不良；18.5 < BMI < 23.9 为正常；BMI ≥ 24 为超重；BMI ≥ 28 为肥胖。

随着人们对肥胖危害的认识加深，体重控制的重要性逐渐引起重视。通常认为，导致肥胖的原因是进食量增加和 / 或运动量减少。节食和 / 或运动是被推荐的最常用的减体重方法。哪种方法更有效，健康效应更大？关于这个问题一直存在争议。体重的变化受生理、代谢、环境、行为和基因等多种因素的影响，这些因素必须通过一个或多个能量平衡环节来实现对体重的共同作用。有学者认为，过量的热量摄入是导致体重增加和肥胖的主要原因，能量消耗对体重变化的影响很小。要想解决

肥胖问题，首先应控制能量摄入。但是，近期有研究指出，在过去的几十年里，由于交通出行方式、家务劳动方式和休闲生活方式的改变，人们的能量消耗明显减少。因此，也有学者指出，体力活动减少，即能量消耗减少是导致体重增加和肥胖的主要原因。认为要想解决肥胖问题，首先应该增加能量消耗。

第四节　能量在食品加工中的变化

一、能量密度

能量密度是指每克食物所含的能量。这与食品的水分和脂肪含量密切相关。食品的水分含量高则能量密度低，脂肪含量高则能量密度高。

有关能量密度的另一特性是食品的稠度。它与食品的适口程度和是否满足能量需要有关。例如，玉米粥易呈黏稠状，若加水变稀则能量密度自然降低，如添加少量植物油，可明显降低其黏度，同时也可增加其能量密度。但是，在添加脂肪和糖以增加食品的能量密度和可口性时，必须注意保证蛋白质和其他营养素的浓度，使之不至于降低到不适宜的水平。

二、能量在食品加工中的变化

能量既不能创造也不能消灭，它只能由一种形式转变成另一种形式。但是，食物所含能量则有可消化、利用与不可消化、利用之分。植物的纤维素、木质素不能被人体消化、利用。动物的毛发、骨骼等虽也含有一定能量，却不可食用。食品加工通常应尽量剔除不可食用的部分，以增加可食性比例和提高其可利用的食物能量。谷类通过碾磨加工，去除不能食用的颗粒外壳，使其可利用的能量提高。此外，为了满足某些人群对高能量的需要，在食品加工时可增加食品配方中油脂的比例以制成高能量食品等。

第五节　能量的供给与食物来源

一、能量供给

能量的消耗量是确定能量需要量的基础。能量的供给也应依据能量的消耗而定，不同人群的需要和供给量各不相同。

　　碳水化合物、脂肪和蛋白质三大产能营养素在体内各有其独特的生理作用，且与身体健康密切相关，但它们又相互影响，尤其是碳水化合物与脂肪在很大程度上可以相互转化，并对蛋白质具有节约作用。三大产能营养素在总能的供给中应有一个大致适宜的比例。

二、能量的食物来源

　　碳水化合物、脂肪和蛋白质三种产能营养素普遍存在于各种食物中。动物性食物一般比植物性食物含有较多的脂肪和蛋白质。植物性食物中，粮食以碳水化合物和蛋白质为主；油料作物则含有丰富的脂肪，其中大豆含有大量油脂与优质蛋白质。水果、蔬菜类一般含能较少，但硬果类例外，如花生、核桃等含有大量油脂，从而具有很高的热能。

　　工业食品含能的多少是其营养学方面的一项重要指标。为了满足人们的不同需要，在许许多多的食品中尚有所谓"低热能食品"与"高热能食品"的不同。前者主要由含能量低的食物原料（包括人类不能消化、吸收的膳食纤维等）加工而成，用以满足肥胖症、糖尿病等患者的需要。后者则是由含能量高的食物，特别是含脂肪量高而含水量少的原料加工而成，如奶油、干酪、巧克力制品及其他含有高比例脂肪和糖的食品。它们的能量密度高，可以满足热能消耗大、持续时间长特别是对处于高寒地区工作和从事考察、探险、运动时的需要。不管是哪种食品，都应有一定的营养密度。而且从总的情况来看，在人体所需热能和各种营养素之间都应保持一定的平衡关系。

第三章　各类食物的营养保健特性

第一节　谷类与豆类的营养保健特性

一、谷类的营养保健特性

谷类是禾本科植物的种子，主要包括小麦、稻米、玉米、小米、高粱、荞麦、燕麦、大麦、青稞等。在不同国家和地区的居民膳食中，食用谷类的种类和数量有所不同，我国居民膳食以大米和小麦为主，被称为细粮，其他谷类被称为粗粮。在我国居民膳食中，50%~65% 的能量和 50%~60% 的蛋白质以及大部分矿物质和 B 族维生素主要来源于谷类食物。

（一）谷类种子结构和营养素分布

各种谷类种子形态大小不一，但其结构基本相似，去壳后的谷粒由皮层、糊粉层、胚乳、胚四部分组成。

1. 皮层

脱壳以后的种子的最外层，占谷物重量的 6%~7%，含有丰富的膳食纤维、B 族维生素、矿物质和脂肪，不含淀粉。

2. 糊粉层

介于皮层和胚乳之间，仅有几个细胞的厚度，占谷物重量的 6%~7%，含有丰富的蛋白质、脂肪、B 族维生素和矿物质，还含有一定量的活性成分，具有保健功能，但在碾磨加工时，易随谷皮脱落，构成糠麸，对谷类食物的营养价值产生较大影响。

3. 胚乳

是谷粒的主要部分，位于种子中部，占谷物重量的 83%~87%，主要成分是淀粉，没有蛋白质和少量脂肪，矿物质、维生素和膳食纤维则很少。胚乳的外围蛋白质含量丰富，营养也较高，越接近粒心，蛋白质含量越低。

4.胚

胚由胚芽、胚轴、子叶和胚根组成，位于谷粒的一端，占谷物重量的2%～3%，富含脂肪、蛋白质、矿物质、B族维生素和维生素E，其营养价值较高，但因其淀粉酶、蛋白酶活性较强，脂肪含量高，加工时若谷粒留胚多则易变质。胚和胚乳连接不太紧密，胚本身比较柔软而有韧性，在加工过程中容易被完整碾去混入糠麸中。

谷类因品种、地区、生长环境与条件以及加工方法的不同，其营养价值不尽相同，通常全谷物食品的营养价值更高，保健功能也更强。目前，全球倡导食用全谷物食品。

（二）谷类的营养特性

1.蛋白质

不同谷类食物中蛋白质含量差别较大，多数谷类蛋白质含量在7.5%～16%。蛋白质主要由清蛋白、球蛋白、醇溶蛋白和谷蛋白组成。

不同谷类食物各种蛋白质所占比例不同。多数谷类蛋白质中主要是醇溶蛋白和谷蛋白，占蛋白质总量的80%以上。

谷类蛋白质的氨基酸组成不合理，一般清蛋白和球蛋白中含较多赖氨酸，醇溶蛋白和谷蛋白中则含赖氨酸较少，含亮氨酸较多，特别是醇溶蛋白中赖氨酸含量极少，因此谷类蛋白质一般都缺乏赖氨酸，营养价值不及动物蛋白。

为了改善谷类蛋白质的营养价值，可采用强化限制性氨基酸或根据食物蛋白质的互补性来提高谷类蛋白质的营养价值。如米粉、面粉用0.3%赖氨酸强化或加入含赖氨酸较多的适量豆粉后，其蛋白质的生物价明显提高。此外，利用基因工程育种的手段，也可以改善谷类的营养价值，如高营养玉米，与普通玉米相比，其赖氨酸、含硫氨基酸、苏氨酸、色氨酸含量分别提高了30%、50%、18%和100%。

2.碳水化合物

碳水化合物是谷类的主要成分，占谷物总量的70%～80%，以淀粉为主，主要集中在胚乳的淀粉细胞内。此外，谷类还含有少量的糊精、戊聚糖、葡萄糖和果糖以及膳食纤维等。淀粉经烹调后容易被消化吸收，是人类最理想、最经济的能量来源。在我国居民膳食中，约60%的能量来自谷类的碳水化合物。

淀粉是由D-葡萄糖以$\alpha-$糖苷键连接而成的高分子化合物，根据葡萄糖分子的连接方式不同，谷类中的淀粉可分为直链淀粉和支链淀粉两种类型，其含量因品种而异，多数谷物以支链淀粉为主，一般为70%～80%。两种类型的淀粉消化难易程度不同，支链淀粉不易消化。

3. 脂肪

谷类中脂肪含量较低，一般低于 2%，玉米和小米约为 4%，莜麦为 5.5% ~ 7.2%，小麦胚芽可达 10%。谷类脂肪主要集中在糊粉层和胚芽中，在加工时易转入糠麸中。

从米糠中提取的米糠油以及从玉米和小麦的胚芽中提取的胚芽油，约 80% 为不饱和脂肪酸，其中亚油酸占 60%，是一种营养保健价值很高的食用油，具有降血脂、防止动脉粥样硬化的作用。另外，谷胚中还含有少量植物固醇、卵磷脂等功能性类脂。

4. 矿物质

谷类中矿物质含量为 1.5% ~ 3%，其分布常和纤维素平行，主要分布在皮层和糊粉层中，加工时容易转入糠麸中。谷类含矿物质的种类超过三十种，其中主要是磷和钙，此外还有镁、钾、钠、硫、氯、锰、锌、钼、镍、钴、硼等。由于多以植酸盐形式存在，消化吸收较差。谷类食物铁含量少，为 1.5 ~ 3.0mg/100g。

5. 维生素

谷类是膳食中 B 族维生素特别是维生素 B_1、泛酸、烟酸和维生素 B_6 的重要来源，多集中在糊粉层和胚中。谷类加工精度越高，保留的胚芽和糊粉层越少，维生素损失就越多。谷类胚芽中含有丰富的维生素 E，小麦和玉米胚芽中含量较高，是维生素 E 的良好来源。玉米中的烟酸为结合型，不易被人体吸收，需经过适当加工使其转变成游离型后方能被吸收利用。黄色的玉米和小米中含有一定量的类胡萝卜素。谷类几乎不含维生素 A、维生素 D 和维生素 C。

(三) 重要谷类的营养与保健特性

1. 大米

大米中的蛋白质含量一般为 10% 左右，主要为谷蛋白。根据品种不同，大米分为籼米、粳米和糯米。大米的营养价值与其加工精度有直接的关系。精白米与糙米相比，蛋白质、脂肪、纤维素、钙、维生素 B_1、维生素 B_2、烟酸分别少 8.4%、56%、57%、44%、59%、29%、48%。

在谷类食物中，大米具有突出的优势，如大米蛋白含有较高的赖氨酸，营养较高，生物价达 77；大米蛋白具有低过敏性；大米淀粉容易消化吸收以及抗腹泻等。正是由于大米的以上特性，使其构成了婴儿营养米粉的主体，很适合作为婴儿食品。

除上述大米外，我国还有黑米、紫米等品种，其营养保健功能高于一般的白大米。黑米被认为是稻米中的珍品。黑米中锰、锌、铜等无机盐含量大都比大米高 1 ~ 3 倍；维生素 B_1、维生素 B_2、磷、铁、钼等也很丰富，还含有一定量的黑色素、叶绿素、花青素、胡萝卜素及强心苷等特殊活性成分，因而黑米比普通大米更具营养保健功能。我国民间俗称黑米"药米""月家米"，作为产妇和体虚衰弱病人的滋补品，也用于改善孕产妇、儿童缺铁性贫血状况，因此被人们称为"补血米""长寿米"。黑米有滋阴补肾、健脾开胃、补中益气、活血化瘀等功效。

2. 小麦粉

小麦粉含蛋白质 12%～16%，面筋蛋白占总蛋白质的 80% 以上。面粉营养价值的高低，与其加工精度关系十分密切。普通粉加工精度较低，保留了较多的胚芽和麸皮，因此，各种营养素的含量较高，精白粉加工精度较高，胚芽和麸皮保留很少，维生素和矿物质损失很多。但精白粉色较白，含脂肪少，易保存，感官性状较好，口感好，而且因植酸及纤维含量较少，消化吸收率比普通粉高。面粉中的矿物质、维生素含量与其加工精度密切相关。在特一粉、特二粉、标准粉和普通粉四个等级面粉中，灰分含量分别小于 0.70%、0.85%、1.10% 和 1.40%。

3. 玉米

玉米含蛋白质 8%～13%，主要为醇溶蛋白。赖氨酸和色氨酸含量低，但苏氨酸、含硫氨基酸较大米高，胚中富含多不饱和脂肪酸、卵磷脂和维生素 E。黄玉米含有一定量的类胡萝卜素，譬如 β- 胡萝卜素、玉米黄素、叶黄素和隐黄素等。

4. 小米

小米又称粟米，含蛋白质 9.2%～14.7%，脂肪 3.0%～4.6% 及较多硫胺素、核黄素和 β- 胡萝卜素等。小米蛋白质主要为醇溶蛋白和谷蛋白，占总蛋白的 66%，其中赖氨酸含量低，而甲硫氨酸、色氨酸较其他谷物高。小米具有良好的药用价值，可以养胃健脾。色氨酸含量高，有调节睡眠的作用。

5. 薏米

薏米又称薏苡仁。薏米营养价值高，被誉为"世界禾本科植物之王"。其氨基酸组成类似大豆蛋白，必需氨基酸齐全，比例接近人体需要，其中以酪氨酸、亮氨酸含量最多。含有功能较强的薏苡仁内酯、薏苡素等特殊活性成分。薏米具有消炎、利尿、化脓、镇痛、消肿等作用，还能润肤、美容、去疲劳、防高血压、抑制某些癌细胞增殖、增强免疫力、降血糖、抗肿瘤及促消化等功效。

6. 荞麦

荞麦属于蓼科荞麦属，主要有甜荞和苦荞两个品种。荞麦中蛋白质含量为 9%～11%，必需氨基酸特别是赖氨酸含量丰富，其含量是大米和小麦的 2.7～2.8 倍。B 族维生素、类胡萝卜素含量较高，维生素 B_1 较大米多 1.3 倍，较面粉多 6.2 倍，维生素 B_2 比大米多 4 倍。微量矿物质元素和膳食纤维也比较丰富。荞麦尤其是荞麦芽含有丰富的生物活性成分黄酮类化合物，具有降低毛细血管脆性，改善微循环，稳定血糖和血压，提高人体免疫力等作用，尤其适合"三高"人群食用。

7. 燕麦

燕麦含蛋白质 15.6%，富含必需氨基酸、脂肪、铁、锌等，营养价值高。含有丰富的亚油酸，占全部不饱和脂肪酸的 35% ~ 52%。每 100 g 燕麦中含钙 50 ~ 100 mg。B 族维生素的含量居各种谷类粮食之首，尤其富含维生素 B_1，能够弥补精米精面在加工中丢失的大量 B 族维生素。膳食纤维也极其丰富。

燕麦自古入药，味甘、性温，具有健胃、益脾、催产、止虚汗和止血等功效。燕麦面汤是产妇、婴幼儿、慢性疾病患者、病后体弱者的食疗补品，能有效地降低人体中的胆固醇，是预防动脉粥样硬化、高血压、心脑血管疾病的理想食品。对糖尿病、脂肪肝、便秘、浮肿等有辅助疗效。燕麦是老少皆宜的食疗食品。

二、豆类的营养保健特性

我国食用豆类资源丰富、种类繁多，分布于全国各地。我国的食用豆类品种主要有大豆、蚕豆、豌豆、绿豆、小豆、菜豆、饭豆、小扁豆等二十余种。按照营养成分含量可将豆类分为两大类：一类是大豆，包括黄大豆、黑大豆、青大豆等，它们含有较多的蛋白质（35% ~ 40%）和脂肪（15% ~ 21%），而碳水化合物相对较少。另一类是除大豆以外的其他豆类（又称杂豆），如绿豆、赤小豆、豌豆、蚕豆、芸豆等，它们含有较多的碳水化合物（55% ~ 65%），中等量的蛋白质（20% ~ 30%）和少量的脂肪（一般低于 2%）。前者以提供蛋白质和脂肪为主，后者以提供淀粉为主。通常所说的豆制品主要是指大豆制品，如豆腐、豆浆、豆腐脑、豆腐干、豆芽、腐竹等，有时也包括杂豆制品。它们均是我国居民膳食中优质蛋白质的重要来源。

（一）大豆的营养保健特性

1. 大豆的营养特性
（1）蛋白质

大豆中蛋白质含量为 35% ~ 40%，是植物性食物中蛋白质含量最高的。大豆蛋白质由清蛋白、球蛋白、谷蛋白和醇溶蛋白组成，其中球蛋白含量最多，占大豆总蛋白量的 80% ~ 90%。大豆蛋白质的氨基酸组成接近人体氨基酸模式，赖氨酸含量较高，甲硫氨酸含量略低，是谷类蛋白质理想的互补食品。大豆蛋白质属于优质蛋白质，几乎能代替动物蛋白质，被称为"植物肉"。

（2）脂肪

大豆中脂肪含量为 15% ~ 20%，部分品种可达 25% 左右，消化率高达 97.5%，不饱和脂肪酸占脂肪酸总量的 85%，其中油酸 32% ~ 36%，亚油酸 51% ~ 57%，亚麻酸 2% ~ 10%。此外，大豆中还含有 1.1% ~ 3.2% 的磷脂和维生素 E、豆固醇。大豆油中的脂肪有利于降低血液胆固醇和软化血管，是高血压、动脉粥样硬化患者的理想用油。

(3) 碳水化合物

大豆中的碳水化合物含量为20%～30%，主要成分为蔗糖、棉籽糖、水苏糖等低聚糖和半乳聚糖、纤维素、半纤维素、果胶等多糖类，淀粉含量很少（不到1%）。除蔗糖和淀粉外，其余碳水化合物很难被人体消化吸收，但对人体的保健具有重要作用。

(4) 维生素和矿物质

大豆中B族维生素（如硫胺素、核黄素、烟酸等）明显高于谷类，还含有一定量的胡萝卜素、维生素E和维生素K。干豆中几乎不含维生素C，但豆芽中含量明显增多。

大豆中矿物质含量约4%，包括钾、钠、钙、镁、磷、铁、锌、硒等，是一种高钾、高钙、高镁、低钠食品。铁的含量较为丰富，为8.2 mg/100 g，但受抗营养因子的影响，钙、铁消化吸收率偏低。

2. 大豆的保健功能

大豆中含有较多的特殊活性成分，如大豆皂苷、大豆异黄酮、大豆低聚糖及大豆膳食纤维等，它们对人类健康具有特殊功效。

(1) 大豆低聚糖

大豆低聚糖是大豆中含有的低分子可溶性糖类，在大豆中约含10%，主要是棉籽糖、水苏糖和蔗糖，其中棉籽糖和水苏糖属于益生元，具有重要的保健功能，它们不能被人体消化可直接到达大肠，能促进肠道内益生菌双歧杆菌、乳杆菌等增殖并增强其活性，从而抑制病原菌，改善肠道功能，防止腹泻、便秘，并起到保护肝脏、降低血脂、增强免疫力等作用。

(2) 大豆异黄酮

异黄酮在大豆中含量为0.1%～0.2%，其主要成分为染料木素、染料木苷、大豆苷、大豆苷元，其在人体内可转化成具有雌激素活性的成分，因此被称为植物雌激素，其具有降血脂、抗动脉硬化、抗肿瘤、抗骨质疏松、保护心脑血管等作用。

(3) 大豆皂苷

大豆皂苷是存在于大豆种子中的五环三菇类化合物，具有降低血中胆固醇和甘油三酯含量、抑制肿瘤细胞生长、抗病毒、抗氧化、提高免疫力等作用。

3. 大豆中的抗营养因子

抗营养因子是指存在于天然食物中，影响某些营养素的吸收和利用，对人体健康和食品质量产生不良影响的因素。大豆中含有一些抗营养因子，如果加工时不消除，会对人体或产品质量产生不良影响。

（1）蛋白酶抑制剂

指存在于大豆、棉籽、花生、油菜籽等植物中，抑制胰蛋白酶、糜蛋白酶、胃蛋白酶等酶活性的物质统称。其中以胰蛋白酶抑制剂存在最普遍，在大豆和绿豆中的含量可达 6% ~ 8%，它能与小肠液中的胰蛋白酶相结合，生成无活性的复合物，降低胰蛋白酶的活性，影响蛋白质的消化吸收，引起胰腺肥大，对动物的生长有抑制作用。采用常压蒸汽加热 30 min 或 1kg 压力加热 20 min 来破坏大豆胰蛋白酶抑制剂。大豆中的脲酶比胰蛋白酶抑制因子耐热能力强，且测定方法简便，故常用脲酶的活性来判断大豆中胰蛋白酶抑制因子是否已被破坏。我国食品卫生标准中明确规定，含有豆粉的婴幼儿代乳品，脲酶试验必须是阴性。然而，近年来国外的一些研究表明，一些蛋白酶抑制剂具有抑制肿瘤和抗氧化作用，因此对其评价和应用还有待于进一步研究。

（2）植物红细胞凝集素

存在于大豆、豌豆、蚕豆、扁豆等中，是能凝集人和动物红细胞的一种蛋白质。食用数小时可引起恶心呕吐、腹泻等，影响动物的生长发育，加热即被破坏。

（3）植酸

大豆中含量为 1% ~ 3%。在消化道内可与锌、钙、镁、铁等矿物质结合，也可与食物蛋白质的碱性残基结合，抑制胃蛋白酶和胰蛋白酶活性，影响矿物质和蛋白质的吸收利用。可将大豆浸泡在 pH4.5 ~ 5.5 的水中，使植酸大部分溶解，也可以通过大豆发芽，提高植酸酶活性，酶解植酸。

（4）豆腥味

构成豆腥味的物质达四十多种，主要是脂肪氧化酶氧化产生小分子醛、醇、酮等挥发性物质的结果。通常采用 95℃加热 10 ~ 15 min，再用乙醇处理钝化大豆脂肪氧化酶，可以较好地脱去豆腥味，也可通过生物发酵、微波照射、溶剂萃取等方法脱去豆腥味。

（5）胀气因子

大豆胀气因子是大豆中所含的 α- 半乳糖苷寡聚糖，即棉籽糖和水苏糖。由于人体缺乏 α-D- 半乳糖苷酶和 β-D- 果糖苷酶，它们不能被人体消化吸收，在肠道微生物作用下可产生气体，引起肠道胀气，故称之为胀气因子。通过合理加工成豆制品，胀气因子可被去除。近年来的研究表明，棉籽糖和水苏糖是有益于人体健康的一类新的益生元，在功能性保健食品的开发方面，具有良好的应用前景。

（二）杂豆的营养保健特性

1. 绿豆

绿豆，又名青小豆，富含蛋白质、碳水化合物、矿物质和维生素。蛋白质以球蛋白为主，亮氨酸含量较多，甲硫氨酸、色氨酸和酪氨酸含量较少。

2. 赤豆

赤豆，又名赤小豆，富含蛋白质、碳水化合物、矿物质和维生素。赤豆常被用来做粥和豆沙馅，很受人们喜爱。

赤豆含有一定量的皂苷，可刺激肠道，有良好的利尿作用，还能解酒、解毒，对心脏病、肾病、水肿均有一定的疗效，对润肠通便、预防结石、健美减肥也有一定的作用。产妇多吃赤豆，还有催乳的功效。

3. 芸豆

芸豆含有丰富的蛋白质和膳食纤维，矿物质钙、铁及 B 族维生素含量也很高。芸豆颗粒饱满肥大，色泽鲜明，营养丰富，可煮可炖，是制作糕点、豆馅、豆沙的优质原料，具有较高的营养价值。

芸豆含有皂苷、尿毒酶等独特成分，具有提高人体免疫能力、增强抗病能力，激活淋巴 T 细胞、促进脱氧核糖核酸合成等功能，对肿瘤细胞有抑制作用，其所含尿素酶应用于肝昏迷患者效果很好。尤其适合心脏病、动脉粥样硬化、高血脂、低血钾症和忌盐患者食用。

4. 蚕豆

蚕豆，又名胡豆、罗汉豆，富含蛋白质，其氨基酸种类较为齐全，特别是赖氨酸含量较高。

蚕豆含有丰富磷脂，有健脑作用。蚕豆皮中的粗纤维有降低胆固醇、促进肠蠕动的作用。传统医学认为蚕豆能益气健脾，利湿消肿。但蚕豆中含有有毒的 β– 氰基氨基酸和 L-3，4- 二羟基苯丙氨酸，前者是一种神经毒素，后者能导致急性溶血性贫血。因此，蚕豆不宜生吃，应充分煮熟后食用。

5. 豌豆

豌豆未成熟时可作蔬菜炒食，籽实成熟后又可磨成豌豆粉食用。因豌豆豆粒圆润鲜绿，常被用来作为配菜，以增加菜肴的色彩，促进食欲。

豌豆荚和豆苗的嫩叶中富含维生素 C 和能分解体内亚硝胺的酶，可以分解亚硝胺。豌豆中富含胡萝卜素，食用后可防止人体致癌物质的合成，从而减少癌细胞的形成，具有抗癌防癌的作用。豌豆中富含粗纤维，能促进大肠蠕动，保持大便通畅，起到清洁大肠的作用。

豌豆性平，味甘。豌豆中所含的叶绿酸可有效抗癌。有研究表明，吃豌豆可以降低体内甘油三酯的含量，减少心脏病的发病率，降低胆固醇。此外，多吃豌豆可缓解更年期妇女的不适现象。

6. 饭豆

饭豆是一种富含营养的豆类食物。富含蛋白质、碳水化合物以及较丰富的矿物质和维生素。与其他豆类比较，饭豆含钙较为丰富。

饭豆也是一种古老的民间药材，其药用价值在我国二千多年前的古医书中就有记载，以粒小而赤褐色者较佳。红饭豆种子性平、味甘酸，无毒，入心、小肠经。有利水、除湿和排血脓，消肿解毒的功效。对治疗水肿、脚气、黄疸、便血、痈肿等病有明显的疗效，做药材比小豆效果更好。

(三) 豆制品的营养价值

豆制品是指以大豆和杂豆为原料加工而成的产品。其中，大豆制品是我国传统的主要豆制品，分为非发酵性豆制品（如豆浆、豆腐、豆腐干、腐竹、豆芽等）和发酵性豆制品（如腐乳、豆豉、臭豆腐、豆瓣酱等）。杂豆制品主要有粉丝、粉皮等。

非发酵性豆制品经各种处理，去除了大豆中抗营养因素和部分纤维素，同时 B 族维生素因溶于水而部分丢失，但蛋白质消化率得到了提高。发酵性豆制品因其蛋白质被部分分解，游离氨基酸提高，味道鲜美，且维生素 B_{12} 和维生素 B_2 有所增加，营养价值较高。

1. 豆浆

豆浆是最简单的大豆加工品，只需将大豆浸泡磨浆后煮沸即可。豆浆保存了大豆的所有成分，经煮沸以后，不但使大豆中的蛋白酶抑制剂和红细胞凝集素失活，而且使大豆蛋白质的消化率从生豆的 40% 提高到 90% 以上。豆浆属于营养素含量丰富的传统食品。

2. 豆腐

向煮沸的豆浆中加入石膏（硫酸钙）或卤水（硫酸钙和硫酸镁的混合物），或者葡萄糖酸内酯，使豆浆中的蛋白质凝固，压榨除水就成了豆腐或豆腐干。其含水因加工方法不同，北豆腐含水 80% 左右，南豆腐含水 87% 左右，内酯豆腐含水高达90%，豆腐干含水 70% 左右。豆腐中的 B 族维生素含量可能由于加热时破坏或压榨除水时流失较豆浆低很多。由于大豆本身含有较丰富的钙质，凝固时又添加了钙盐凝固剂，因此，豆腐是膳食中钙的良好来源。大豆中的蛋白质在豆腐中几乎完全得以保存，其消化吸收率可达 95%。

3. 豆芽

豆芽主要有大豆芽和绿豆芽。大豆经发芽后，其原有的抗营养因子(蛋白酶抑制剂、植酸、红细胞凝集素等)含量减少或消失，营养素的消化吸收率得到改善，维生素 C 的含量明显提高。

第二节　蔬菜、水果类的营养保健特性

蔬菜和水果是人们日常生活中的主要副食，消费量很大，种类繁多，但大多具有共同特点，即水分含量高，蛋白质和脂肪含量低，含有一定量的碳水化合物，矿物质和维生素相当丰富，营养价值很高。蔬菜、水果属于碱性食品，对保持人体的酸碱平衡具有重要作用。同时，蔬菜、水果含有多种有机酸、芳香物质、色素等，赋予食物以良好的感官性状，对增进食欲、促进消化具有重要意义。此外，许多蔬菜、水果含有特殊的活性成分，对降低人类疾病风险，促进人体健康具有重要的保健功能。

一、蔬菜的营养保健特性

按植物结构部位可将蔬菜分为五类：①叶菜类：白菜、油菜、菠菜、茼蒿、香菜、茴香等；②根茎类：萝卜、芋头、马铃薯、山药、红薯、藕、葱、蒜等；③鲜豆类：毛豆、扁豆、蚕豆、绿豆、豌豆、豇豆等；④花芽类：菜花、黄花菜及各种豆芽等；⑤瓜茄类：冬瓜、黄瓜、苦瓜、西葫芦、茄子、青椒、西红柿等。

(一) 蔬菜的营养特性

1. 碳水化合物

蔬菜中碳水化合物含量一般为 4% 左右，根茎类可达 20% 以上，主要是果糖、葡萄糖、蔗糖等，还富含纤维素、半纤维素和果胶。含单糖和低聚糖较多的蔬菜有胡萝卜、番茄、南瓜等。根茎类蔬菜大多含淀粉较多，如马铃薯、芋头、藕等。菇类、木耳等含有活性多糖，具有保健功能。

2. 蛋白质

多数蔬菜蛋白质含量很低，一般为 1% ~ 2%，且赖氨酸、甲硫氨酸含量偏低。但鲜豆类可达 4%，香菇可达 20%，必需氨基酸含量较高，营养价值较高。

3. 脂肪

蔬菜脂肪含量极低，一般不超过 1%。

4. 维生素

蔬菜中含有除维生素 D（香菇例外）和维生素 B_{12} 之外的几乎所有维生素，尤其新鲜蔬菜是核黄素、叶酸、维生素 C 和胡萝卜素的重要来源。叶酸以绿叶菜中含量较多。维生素 C 一般在蔬菜代谢旺盛的叶、花、茎内含量丰富。一般深绿色的蔬菜维生素 C、维生素 K 含量较浅色蔬菜高。胡萝卜素在绿色、黄色或红色蔬菜中含量较多。辣椒含极丰富的维生素 C 和胡萝卜素。一般瓜茄类维生素 C 含量低，但苦瓜中含量高。

5. 矿物质

蔬菜中含有丰富的钾、钙、磷、镁、铁、铜、锰、硒等多种矿物质，其中以钾最多，钙、镁含量也丰富，这些碱性矿物质元素对维持体内酸碱平衡起重要作用。在各种蔬菜中，一般叶菜类含矿物质较多，尤其深色、绿色叶菜中铁、钙、镁含量丰富，如雪里蕻、苋菜、菠菜等。但一些蔬菜中由于存在草酸，导致钙、铁等矿物质元素吸收率不高。菌藻类中铁、锌和硒的含量相当丰富，海产植物还含有丰富的碘。

(二) 蔬菜的保健特性

许多蔬菜不但营养价值高，而且含有重要的生物活性成分，具有较高的保健功能，例如，①洋葱中的黄酮类具有抗冠心病、抗动脉硬化、降低血脂黏度等作用；②牛蒡、生姜中的生姜酚等能抑制细胞癌化，具有抗癌作用；③南瓜、苦瓜中的活性肽、铬等能促进胰岛素的分泌，具有降血糖作用；④黄瓜中的丙醇二酸能抑制糖类转化为脂肪，具有减肥作用；⑤番茄中的番茄红素具有降低患前列腺癌的作用；⑥甘蓝中的萝卜子素可杀死幽门螺杆菌，具有治疗各种胃病的作用；⑦白菜中的吲哚三甲醇具有分解同乳腺癌有关的致癌雌激素的作用；⑧菠菜中的抗氧化成分，具有抗衰老、减少老年人记忆力减退的作用；⑨白萝卜中的芥子油、淀粉酶等，具有促进消化，增强食欲，加快胃肠蠕动和止咳化痰的作用。

另外，一些蔬菜中也存在影响人体对营养素吸收利用的抗营养因子，除了植物细胞凝集素、蛋白酶抑制剂和草酸外，木薯中的氰苷可抑制人和动物体内细胞色素酶的活性，甘蓝、萝卜和芥菜等中的硫苷化合物可导致甲状腺肿大，茄子和马铃薯表皮中的龙葵素可引起喉部口腔的瘙痒和灼热感。

二、水果的营养保健特性

水果种类繁多，其中以木本植物的带肉果实或种子为主。水果一般分为以下 6

类：①仁果类：苹果、梨、刺梨、山楂、木瓜等；②核果类：桃、杏、李、梅、枣等；③浆果类：葡萄、柿子、猕猴桃、桑葚、无花果等；④柑橘类：柑、橘、橙、柚、金橘、柠檬等；⑤瓜果类：西瓜、甜瓜、哈密瓜等；⑥亚热带和热带类：芒果、榴莲、椰子、荔枝、枇杷、龙眼、菠萝、香蕉等。

水果的特点是不经烹调可直接食用。新鲜水果与新鲜蔬菜相似，主要为人体提供丰富的维生素和矿物质，且含有多种有机酸。此外，许多水果还含有多种活性成分，具有重要的保健功能。

(一) 水果的营养特性

1. 蛋白质和脂肪
新鲜水果含水分多，营养素含量相对较低，蛋白质、脂肪含量均不超过1%。

2. 碳水化合物
水果中碳水化合物含量较蔬菜多，一般为4%~25%，主要是果糖、葡萄糖和蔗糖以及丰富的纤维素、半纤维素和果胶。苹果和梨以含果糖为主，桃、梨、杏、柑橘以含蔗糖为主，葡萄、草莓、猕猴桃则以葡萄糖和果糖为主。水果未成熟时，碳水化合物多以淀粉为主，随着水果逐渐成熟，淀粉逐渐转化为可溶性糖，甜度增加。水果中的膳食纤维以果胶为主。

3. 矿物质
水果中含有人体所需的各种矿物质，其中钙、磷、钾、镁等含量最为丰富。除个别水果外，矿物质含量相差不大。

4. 维生素
新鲜水果中维生素 B_1、维生素 B_2 含量不高，胡萝卜素和维生素 C 含量因品种不同差异很大，其中含胡萝卜素较多的水果有沙棘、刺梨、柑橘、芒果、蜜瓜、杏、鲜枣等，含维生素 C 较多的水果有刺梨、酸枣、鲜枣、沙棘、番石榴等。

(二) 水果的保健特性

许多水果含有重要的活性成分，具有抗氧化、抗衰老、抗肿瘤、降血脂、调节免疫、保护心脑血管等作用。柑橘含柠檬烯，具有抗癌作用；木瓜含有木瓜蛋白酶，具有助消化作用；紫色葡萄含有较多的原花青素，具有抗氧化作用；苹果含果胶丰富，具有降胆固醇、预防胆结石作用；香蕉富含钾、镁、色氨酸、维生素 B_6 等，具有抗忧郁、镇定、安眠等作用。

三、重要蔬菜、水果的营养保健特性

(一) 马铃薯

马铃薯又称土豆,水分含量为 63.2% ~ 86.9%,蛋白质含量为 0.75% ~ 4.6%,其中赖氨酸和色氨酸含量较高,淀粉含量为 8% ~ 29%,还含有丰富的维生素和矿物质。

马铃薯兼有谷物和蔬菜的特性,提供的营养更加均衡、全面。马铃薯是生长在地下的蔬菜,富含矿物质元素,维生素 C 含量也丰富。

(二) 红薯

红薯又称地瓜,含水分 60% ~ 80%、淀粉 10% ~ 30%、可溶性糖 5% 及丰富的矿物质和维生素。同时还含有少量的蛋白质、脂肪、膳食纤维等。红薯中的胡萝卜素、维生素 C 及一些矿物质含量达到或超过蔬菜和水果中的含量,营养价值较高,被称为营养均衡的食品。

(三) 魔芋

魔芋又称菊黄,为天南星科魔芋属的多年生草本植物,地下的扁球形块茎可供人们食用。魔芋块茎中主要成分是葡甘聚糖,是目前发现的唯一能大量提供葡甘露聚糖的经济作物。每 100g 魔芋粉中,葡甘露聚糖含量为 44% ~ 64%。魔芋葡甘聚糖是一种功能成分,可以促进肠胃蠕动,帮助人体对蛋白质等营养物质的消化与吸收,能消除心血管壁上的脂肪沉淀物。魔芋血糖生成指数 GI 为 28,适合作为糖尿病人的食品。魔芋还是一种理想的减肥、抗癌食品。

(四) 山药

山药又称薯蓣,富含淀粉、皂苷、胆碱、果胶、多巴胺、黏液质、糖蛋白、维生素、纤维素、硒、磷、钙、铁、多酚氧化酶和人体所需的多种氨基酸等多种营养和保健成分,脂肪含量低。

山药中的多巴胺能扩张血管、改善血液循环。皂苷有抗肝脏脂肪浸润的作用,防止冠心病和脂肪肝的发生。黏液蛋白能预防心血管系统脂肪沉积,保持血管弹性,防止动脉粥样硬化过早发生,减少皮下脂肪沉积,以免出现肥胖。山药可作为抗肿瘤和放疗、化疗及术后体虚者的辅助药物。

（五）番茄

番茄被称为神奇的菜中之果。新鲜的番茄含有丰富的抗氧化剂，如 β– 胡萝卜素、番茄红素、维生素 C 与维生素 E，具有保护视力、抗衰老的作用。

番茄中的抗氧化成分番茄红素，能保护细胞不受伤害，也能修补已受损的细胞，能抑制乳腺癌、肺癌和子宫癌等细胞的生长，具有防癌抗癌的功效。

（六）木瓜

木瓜含有丰富的 β– 胡萝卜素与维生素 C，能增强人体免疫能力。大量的可溶性果胶，有助于减少人体对胆固醇和有害重金属的吸收。此外，木瓜中蛋白酶丰富，生吃能促进蛋白质的消化与吸收，和肉类一起食用，可助消化，减轻肠胃的负担。

（七）苹果

苹果的营养价值和食疗价值都很高。含有丰富的碳水化合物、有机酸、维生素、矿物质、膳食纤维等营养物质。苹果中的糖类主要是蔗糖、果糖和葡萄糖。苹果中丰富的有机酸（苹果酸、酒石酸、柠檬酸等）和芳香醇对提高食欲、促进消化很有益处。

苹果中含有多种活性成分，是著名的保健水果。苹果属于典型的高钾、低钠食品，是高血压患者的理想食疗食品。苹果中丰富的果胶，有助于减少人体对胆固醇和有害重金属的吸收。苹果中绿原酸、儿茶素、原花色素、槲皮素等具有较好的抗氧化作用，对降低心血管疾病和癌症的风险有积极意义。常食苹果还可润肤、益气、利尿、消肿。据报道，苹果还可促进人体产生干扰素，提高人体免疫力。

（八）大枣

大枣又称红枣，在我国已有三千多年的种植历史。大枣味道甘美，营养丰富。维生素 C 在鲜枣中含量很高，每 100 g 鲜枣果肉中含维生素 C 410 mg，有的品种可达 800 mg，是橘子的 13 倍、山楂的 6~8 倍，是苹果、葡萄、香蕉的 60~80 倍，因此有"天然维生素丸"之美称。干制红枣中虽也含有维生素 C，但在枣的干制过程中破坏较多，一般干红枣每 100 g 果肉含维生素 C 12 mg，仅为鲜枣中含量的 3% 左右。

另外，鲜枣中还富含环磷酸腺苷功能成分，对冠心病、心肌梗死、心源性休克等疾病有显著疗效。据报道，在水果中，大枣和酸枣含这种物质最高，也是目前所测高等植物中含量最高的。富含环磷酸腺苷的鲜枣水提液可显著抑制癌细胞的生长，并能使部分癌细胞恢复正常，因此，鲜枣是人们理想的营养保健果品。

（九）草莓

草莓又称红莓，营养丰富，含有果糖、蔗糖、柠檬酸、苹果酸、水杨酸、氨基酸以及钙、磷、铁等矿物质。此外，它还含有多种维生素，尤其是维生素 C 含量非常丰富，每 100 g 草莓含维生素 C 60 mg。草莓还含有丰富的果胶。

草莓具有去火、清热、明目养肝、促进消化、润肠通便等功能，是老少皆宜的保健食品。草莓中所含有的鞣花酸能保护人体组织不受致癌物质的伤害，具备一定的抑制恶性肿瘤细胞生长的作用。

（十）柚子

柚子营养价值很高，每 100 g 柚子含蛋白质 0.7 g、脂肪 0.6 g，维生素 C 57 mg，还含有丰富的有机酸、膳食纤维以及钙、磷、镁、钠等人体必需的元素。

柚子还具有健胃、润肺、补血、清肠、利便、降脂、降糖、促进伤口愈合等功效。柚子富含钾，几乎不含钠，是心脑血管病及肾脏病患者最佳的食疗水果之一。柚子含有丰富的果胶，能降低血液中的胆固醇。柚子含有的生理活性物质柚皮苷，可降低血液黏滞度，减少血栓的形成。鲜柚中含有的类似胰岛素的成分，能降低血糖，更是糖尿病患者的首选水果。柚子对呼吸器官系统疾病尤其是感冒、咽喉疼痛等疾病有很好的预防和康复功能。

（十一）桂圆

桂圆又称龙眼，营养价值较高，每 100 g 鲜桂圆含糖 16.2 g，还含有少量蛋白质和脂肪，维生素 C 以及硫胺素、核黄素、烟酸等含量丰富，钙、磷、铁的含量也比较多，此外还含有酒石酸、腺嘌呤、胆碱等。

桂圆是补血益心的佳品，产后、病后的人食用，对康复有益。对增强记忆、消除疲劳特别有效。对大脑皮质有很好的镇静作用。抗衰老作用也特别突出，是不可多得的抗老防衰水果。由于桂圆性平和，可以久食，还可用于肿瘤患者的康复，是肿瘤患者不可多得的保健食品。但凡虚火旺盛、风寒感冒、消化不良、内有痰火或湿滞时不宜多食，孕妇也不宜多食。

第三节　畜、禽类的营养保健特性

畜、禽类主要提供优质蛋白质、脂肪、矿物质和维生素，是人类膳食构成的重要组成部分。

一、畜类的营养特性

畜肉是指猪、牛、羊、马、骡、驴、鹿、狗、兔等牲畜的肌肉、内脏及其制品。各营养素分布因动物种类、肥瘦、部位等不同而差异较大。

(一) 蛋白质

畜肉蛋白质主要分布在肌肉组织中，含量为 10% ~ 20%。通常牛、羊肉的蛋白质含量高于猪肉。按照蛋白质在肌肉组织中存在的部位不同，又分为肌浆蛋白质 (占 20% ~ 30%)、肌原纤维蛋白质 (占 40% ~ 60%) 和间质蛋白质 (占 10% ~ 20%)。

畜肉蛋白质为完全蛋白质，营养价值高，但结缔组织中的间质蛋白质 (主要是胶原蛋白和弹性蛋白) 因缺乏色氨酸和甲硫氨酸等必需氨基酸，营养价值较低，属于不完全蛋白质。

(二) 脂类

不同品种、不同部位畜肉中的脂类含量差异较大，低者不到 10% (如瘦牛肉)，高者达 90% 以上 (如肥猪肉)，平均 10% ~ 30%。

畜肉中的脂类主要是甘油三酯，又以饱和脂肪酸含量较多。还有少量卵磷脂和胆固醇等。瘦肉中胆固醇含量较低，每 100 g 含 70 mg 左右，肥肉中比瘦肉中高 3 ~ 5 倍，内脏和脑组织中含量更高，如每 100 g 猪肝含 288 mg，猪肾 354 mg，猪脑 2571 mg，牛肝 297 mg，牛脑 2447 mg。高胆固醇血症患者不宜过量摄取动物内脏和脑组织。

(三) 碳水化合物

畜肉中的碳水化合物含量很少，一般为 1% ~ 3%，主要以糖原的形式存在于肌肉和肝脏之中。另外，还含有少量葡萄糖 (0.01%) 和微量的果糖。动物在宰前过度疲劳，糖原含量下降，宰后放置时间过长，也可因酶的作用，使糖原含量降低，而乳酸会相应增高，pH 值下降。

（四）维生素

畜肉可提供多种维生素，主要以 B 族维生素和维生素 A 为主。内脏中的含量高于肌肉，其中肝脏中的含量最为丰富，它是动物组织中多种维生素最丰富的器官，特别是富含维生素 A 和核黄素。瘦肉中含维生素 E 较高，基本不含维生素 A 和维生素 C。

（五）矿物质

畜肉中含矿物质为 0.8% ~ 1.2%，多集中在内脏及瘦肉中。畜肉含铁较多，为 6.2 ~ 25 mg/100g，铁主要以血红素形式存在，消化吸收率高。畜肉还是锌、铜、硒、锰等多种微量元素的重要来源，尤其在牛肾和猪肾中硒的含量是其他一般食品的数十倍。钙的含量较低，仅为 7 ~ 11 mg/100 g。人类对肉类的各种矿物质元素的吸收都高于植物性食品。

二、禽类的营养特性

禽肉是指鸡、鸭、鹅、鸽、鹌鹑、火鸡等的肌肉、内脏及其制品。禽肉的营养价值与畜肉相似。

（一）蛋白质

禽肉含蛋白质 10% ~ 22%。其中鸡肉 22%，鸭肉 17%，鹅肉 10%，能提供各种必需氨基酸，属于优质蛋白质。禽肉结缔组织较畜肉柔软并均匀地分布于一切肌肉组织内，比畜肉更细嫩，更容易消化。

（二）脂肪

禽肉脂肪含量很不一致，鸡肉约为 2.5%，而肥鸭、肥鹅可达 10% 或更高。禽肉脂肪含有丰富的亚油酸，其含量约占脂肪总量的 20%，营养价值高于畜肉脂肪。

（三）维生素

B 族维生素含量与畜肉接近，但烟酸较高，并含维生素 E。禽肉内脏富含丰富的维生素 A 和维生素 B_2，对视觉细胞内感光物质的合成与再生，维持正常视觉有重要作用。禽肉内脏也含有较高的胆固醇，血脂高的人不宜过多食用。

（四）矿物质

禽肉中钙、磷、铁、锌等均高于畜肉，微量元素硒含量也明显高于畜肉。禽肝中的铁为猪、牛肝中含量的 1~6 倍。

（五）含氮浸出物

禽肉中含氮浸出物与其年龄有关，同一品种幼禽肉汤中含氮浸出物低于老禽。禽肉的质地较畜肉细嫩且含氮浸出物较多，故禽肉炖汤的味道较畜肉更鲜美。

三、重要畜、禽类的营养保健特性

（一）猪肉

猪肉含有丰富的优质蛋白质，并提供血红素（有机铁）和促进铁吸收的半胱氨酸，能改善缺铁性贫血；具有补肾养血，滋阴润燥的功效；但由于猪肉中胆固醇含量偏高，故肥胖人群及血脂较高者不宜多食。

（二）牛肉

牛肉富含肌氨酸、卡尼汀、丙氨酸、维生素 B_6、维生素 B_{12} 以及丰富的钾、锌、铁、镁和必需氨基酸，这些营养物质可以促进新陈代谢，增加肌肉力量，修复肌体损伤，从而起到强壮身体的作用。牛肉中的肌氨酸含量明显高出其他食品，对增长肌肉、增强力量特别有效；牛肉中的维生素 B_6 有助于增强免疫力，促进蛋白质的新陈代谢和合成；牛肉中的卡尼汀含量远高于鸡肉、鱼肉，有利于促进脂肪的代谢，产生支链氨基酸，对健美运动员增长肌肉起重要作用；牛肉中富含大量的铁，有助于缺铁性贫血的治疗；牛肉中含有的锌是一种有助于合成蛋白质、促进肌肉生长的抗氧化剂，对防衰抗癌具有积极意义；牛肉中含有的钾对心脑血管系统、泌尿系统有改善作用；含有的镁则可提高胰岛素合成代谢的效率，有助于糖尿病的治疗。中医学认为，牛肉有补中益气、滋养脾胃的作用，寒冬食牛肉，有暖胃作用，为冬季补益佳品。

（三）羊肉

羊肉质地细嫩，容易消化，高蛋白、低脂肪、含磷脂多，较猪肉和牛肉的脂肪含量少，胆固醇含量低，是冬季防寒温补的美味之一；羊肉性温味甘，既可食补，又可食疗，为优良的强壮祛疾食品，有益气补虚、温中暖下、补肾壮阳、生肌健力、抵御风寒之功效。

（四）乌鸡肉

乌鸡又称乌骨鸡。从营养价值上，乌鸡的营养远远高于普通鸡类，吃起来口感非常细嫩。乌鸡有相当高的滋补药用价值，特别是富含极高药用价值的黑色素，有滋阴、补肾、养血、添精、益肝、退热、补虚等作用，能调节人体免疫功能和抗衰老，自古有"药鸡"之称。

乌鸡虽然营养丰富，但多食能生痰助火、生热动风，故体肥、患严重皮肤疾病者宜少食或忌食，患严重外感者也不宜食用。

（五）鸭

鸭在我国历来被视为补养佳品之一。鸭肉所含蛋白质略低于鸡肉，脂肪含量高于鸡肉，维生素 A 和核黄素的含量比鸡肉多，铁、锌、铜的含量也多于鸡肉。鸭子吃的食物多为水生物，故其肉性寒味甘，具有滋阴养胃、利水消肿、健脾、补虚、清暑的功效。凡体内有热的人适宜食鸭肉，体质虚弱、食欲不振、发热、大便干燥和水肿的人食之更为有益。

（六）鹅肉

鹅肉蛋白质含量略低于鸡肉，脂肪含量高于鸡肉一倍多，含有多种维生素，核黄素比鸡肉的含量高，矿物质元素铁、锌、铜等含量高于鸡肉。鹅肉性平味甘，具有益气补虚、和胃止渴、止咳化痰、解铅毒等作用。适宜身体虚弱、气血不足、营养不良的人食用。可补虚益气、暖胃生津，凡经常口渴、乏力、气短、食欲不振者，可常喝鹅汤，食鹅肉。可辅助治疗和预防咳嗽病症，尤其对治疗感冒和急慢性气管炎、慢性肾炎、老年浮肿、肺气肿、哮喘痰缠等有良效，特别适合在冬季进补。

（七）鹌鹑肉

鹌鹑肉既有营养价值，又有药用价值。鹌鹑肉营养价值比鸡肉高，有"动物人参"之称。其味鲜美，易消化吸收，适宜孕妇、产妇、老年体弱者食用，肥胖症、高血压病患者也可选食。另外，鹌鹑肉性味甘平，能补五脏、益中气、清利湿热，对脾虚食少、腹泻、水肿、肝肾不足的腰膝酸软者有一定治疗保健作用。

（八）鸽子肉

鸽子肉营养丰富，营养保健作用与鸡肉类似，而且比鸡肉更易消化吸收，所以民间有"三鸡不如一鸽"之说。鸽子肉中蛋白质含量十分丰富，血红蛋白也较多，脂肪含量比较低，维生素 E、烟酸、核黄素等含量都比鸡肉高。鸽子肉对用脑过度引起的神经衰弱、健忘、失眠、夜尿频繁等症状都有一定的辅助治疗作用，也适用于虚羸、消渴、妇女血虚等症，尤其对体质虚弱者和产妇有较好的滋补作用。

第四节　水产类与乳类的营养保健特性

一、水产类的营养保健特性

水产类是指在水域中捕捞、获取的水产资源，如鱼类、软体类、甲壳类、海兽类和藻类等动植物。常见的水产品有鱼类、甲壳类和软体类。

（一）水产类的营养特性

1. 蛋白质

鱼类含蛋白质 15% ~ 25%，氨基酸组成较合理，赖氨酸丰富，属于优质蛋白质，是膳食蛋白质的良好来源。另外，鱼肉中结缔组织较少，肉质鲜嫩，易消化，特别适合小孩和老人食用。

河蟹、对虾、章鱼的蛋白质含量约为 17%。贝类的牛磺酸含量普遍高于鱼类。

2. 脂肪

鱼类的脂肪含量约为 1% ~ 3%，但个别鱼类含量相差较大（如鳗鱼中高达 12.8%，而鳕鱼中含量仅为 0.5%），不饱和脂肪酸含量高达 60% 以上，消化吸收率达 95%。鱼油中含大量维生素 A、维生素 D，是儿童成长期不可缺少的物质，可防止软骨病、夜盲症等发生。鱼类尤其是海鱼类含丰富的二十二碳六烯酸（DHA），是大脑营养必不可少的多不饱和脂肪酸，还含有丰富的二十碳五烯酸（EPA），有降低胆固醇、防血栓形成及减少动脉粥样硬化的作用，并有抗癌防癌功效。EPA 和 DHA 可由亚麻酸转化而来，但在鱼体中合成量少，主要由海水中的浮游生物和海藻类合成，通过食物链进入鱼体，并以三酰甘油的形式储存，且在冷水鱼中含量较高。蟹、河虾等脂肪含量约为 2%，软体动物的脂肪含量平均为 1%。通常贝壳类和软体类水产品中的胆固醇含量高于一般鱼类，一般为 100 mg/100 g，但蟹黄、鱼子中胆固醇含量更高，高胆固醇血症患者应少食用。

3. 碳水化合物

鱼类中碳水化合物的含量很低，约为 1.5%，主要以糖原形式存在于鱼类肝脏和肌肉内。有些鱼类几乎不含碳水化合物，如草鱼、银鱼、鲑鱼、鲢鱼、鲈鱼等。软体动物的碳水化合物含量平均为3.5%，海蜇、鲍鱼、牡蛎和螺蛳等可达6%~7%。

4. 维生素

鱼类含有丰富的B族维生素和脂溶性维生素，是维生素A和维生素D的重要来源，也是维生素B_2的良好来源，维生素E和维生素B_1的含量也较高。鱼类中维生素B_6、维生素B_{12}、烟酸、泛酸、叶酸含量不高，主要存在于鱼类内脏中。鱼类几乎不含维生素C。

5. 矿物质

鱼类中含矿物质为1%~2%，高于畜禽肉，其中磷、钾、钙、镁、铁、锌均较丰富，还含有铜。鲐鱼、金枪鱼含铁量较高。海鱼含碘丰富，为50~100 mg/100 g。河虾的钙含量达325 mg/100 g，河蚌中锰含量达59.6 mg/100 g。软体动物含矿物质1.0%~1.5%，其中钙、钾、铁、锌、硒和锰含量丰富。墨鱼含钾达400 mg/100 g。牡蛎、泥蚶和扇贝含锌量均高于10 mg/100 g。海蟹、牡蛎和海参的硒含量均超过50 μg/100 g。

(二) 重要水产类的营养保健特性

1. 鲫鱼

鲫鱼有益气健脾、利水消肿、清热解毒、通络下乳等功能。腹水患者用鲜鲫鱼与赤小豆共煮汤服食有疗效。用鲜活鲫鱼与猪蹄同煨，连汤食用，可治产妇少乳。鲫鱼里的主要成分EPA和DHA，能降低血液中对人体有害的胆固醇和甘油三酯，能有效地控制人体血脂的浓度，并提高对人体有益的高密度脂蛋白的含量，维持低浓度血脂水平，对保持身体健康，预防心血管疾病，改善内分泌等起着关键的作用。

2. 墨鱼

墨鱼有滋肝肾、补气血、清胃去热等功能。墨鱼是妇女的理想保健食品，有养血、明目、通经、安胎、利产、止血、催乳等功能。

3. 黄鳝

黄鳝又称鳝鱼，含有丰富的卵磷脂、DHA和EPA，具有较高的保健作用和药用价值。黄鳝入肝、脾、肾三经，有补虚损、祛风湿、强筋骨等功能。黄鳝所含活性成分"鳝鱼素"能调解血糖，是糖尿病患者的理想食物。

4. 泥鳅

泥鳅属于高蛋白、低脂肪食品，含有多种微量元素，并富含维生素A、维生素B_1、维生素B_2、维生素B_{12}和烟酸。与鲤鱼、鲫鱼、黄鱼、带鱼等相比，泥鳅的营养价值更胜一筹，是老人、儿童、孕妇和肝炎、贫血患者的理想食物。泥鳅味甘，性平，有补中益气、祛除湿邪、解渴醒酒、祛毒除痔、消肿护肝、养肾生精的功效。

5. 海参

鲜海参含水分77.1%、蛋白质18.1%、碳水化合物0.9%、脂肪0.2%、矿物质3.7%，并含有维生素 B_1、维生素 B_2、烟酸等。海参在营养上的突出特点是胆固醇含量极低，脂肪含量相对少，属于典型的高蛋白、低脂肪、低胆固醇滋补珍品，有"百补之首"的美誉。对高血压、高脂血症、高血糖和冠心病患者尤为适宜。

另外，海参还含有皂苷、酸性黏多糖、海胆紫酮、牛磺酸等多种活性成分，其中海参皂苷和酸性黏多糖具有较强的抗肿瘤作用，可用于肿瘤病人的辅助治疗。

海参不仅是珍贵的保健食品，也是名贵的药材，具有补肾、益精髓、壮阳疗痿的功效。

6. 鲍鱼

鲍鱼肉质细嫩，滋味鲜美，营养价值极为丰富。鲜鲍鱼含水分77.5%、蛋白质12.6%、脂肪0.8%、碳水化合物6.6%、矿物质2.5%，并含有多种维生素。鲍鱼属于低胆固醇食物，维生素 E 含量丰富，是预防心血管疾病的健康食品。

从鲍肉中提取的鲍灵素能够较强抑制癌细胞生长，有显著的抗癌效果。鲍肉的提取物还可以促进淋巴球细胞增生，是目前已知增强人体免疫力效果最显著的水产品之一。

7. 鱼翅

鱼翅是取自鲨鱼鳍中的软骨，主要成分是胶原蛋白，与燕窝、鲍鱼、海参等相比，其营养价值并不高，而且鱼翅所含的胶原蛋白缺少色氨酸，属于不完全蛋白质，消化吸收率较低。

目前，还没有确凿的科学根据证明鱼翅对人类健康有突出功效。而且，由于鲨鱼处于海洋食物链的顶端，与其他鱼类相比，鲨鱼体内往往会积累更多的重金属，人若食用过多，可能对中枢神经系统及肾脏等内脏系统有一定的危害。

8. 燕窝

燕窝又称燕菜，为雨燕目雨燕科的部分雨燕和金丝燕属的几种金丝燕衔食海中小鱼、海藻等生物后，经胃消化腺分泌出的唾液与绒羽筑垒而成的巢穴，多建筑在海岛的悬崖峭壁上，形状似陆地上的燕子窝，故而得名。其中以"宫燕"营养价值最高，其次为"毛燕"，"血燕"品质最差。100 g 干燕窝内含蛋白质49.9 g、碳水化合物30.6 g、钙42.9 mg、磷3 mg、铁4.9 mg以及较多的生物活性成分。

燕窝既是名贵的山珍海味、高级宴席上的美味佳肴，又是一种驰名中外的高级滋补品。燕窝甘淡平，化痰止咳，补而能清，为调理虚劳之圣药。中医认为燕窝养阴润燥、益气补中、治虚损、咳痰喘、咯血、久痢，适宜体质虚弱、营养不良、久痢久疟、痰多咳嗽、老年慢性支气管炎、支气管扩张、肺气肿、肺结核、咯血和胃痛病人食用。现代医学发现，燕窝可提高免疫功能，有养颜美容，使皮肤光滑、有弹性和光泽，延缓人体衰老，延年益寿的功效。对呼吸系统疾病的治疗作用可以说是燕窝的经典疗效了。从古至今，各种医籍无不强调燕窝对呼吸系统疾病的治疗作用。另外，对于有吸烟这个不良嗜好的人来说，燕窝是不可多得的"洗肺"佳品。燕窝作为天然滋补食品，男女老少均可食用。

二、乳类的营养保健特性

乳类是指动物的乳汁，为各种哺乳动物哺育其幼仔最理想的天然食物，包括人乳、牛乳、羊乳、马乳等。不同乳类在成分组成上虽有差异，但它们的营养素种类齐全，组成比例适宜，容易消化吸收，能满足初生幼仔迅速生长发育的全部需要，也是各类人群的理想食品。目前，市场上销售的主要是牛乳，其次为羊乳。乳类经浓缩、发酵等工艺可制成乳制品，如乳粉、酸乳、炼乳等。

(一) 乳类的营养保健特性

乳类主要是由水、脂肪、蛋白质、乳糖、矿物质、维生素等组成的一种复杂乳胶体，水分含量为 86% ~ 90%。另外，乳的组成随动物的品种、饲养方式、季节变化、挤乳时间等不同而有一定的差异，波动较大的是脂肪，其次是蛋白质和乳糖，维生素和矿物质也有一定波动。

1. 蛋白质

牛乳中的蛋白质含量平均为 3.0%，羊乳蛋白质含量为 1.5%，人乳蛋白质含量为 1.3%。牛乳蛋白质主要由酪蛋白、乳清蛋白和乳球蛋白组成，三者分别约占总蛋白的 80%、15% 和 3%。牛乳蛋白质属于完全蛋白质，具有较高的营养价值。酪蛋白是一种含磷的复合蛋白质，对促进机体对钙的吸收有积极作用。乳清蛋白对热不稳定，加热易发生沉淀。乳球蛋白与机体免疫有关，作为新生儿被动免疫的来源，可增强婴儿的抗病能力。牛乳中的乳铁蛋白含量为 20 ~ 200 μg /mL，具有调节铁代谢、促进生长和抗氧化等作用。人乳蛋白质适合婴儿消化，且分娩后第一天初乳蛋白质含量达 5% 以上。人乳蛋白质组成与牛乳有极大差异，酪蛋白、清蛋白之比为3：10，而牛乳比例则为 4：1，在生产配方乳粉时，需通过添加乳清蛋白将二者调整到接近母乳的蛋白质比例。

2. 脂肪

牛乳中脂肪含量为 2.8% ~ 4.0%，与人乳大致相同。脂肪酸中饱和脂肪酸与不饱和脂肪酸比例约为 2：1，其中油酸 30%、亚油酸 5.3%、亚麻酸 2.1%。乳脂颗粒较小，呈高度分散状态，易消化，吸收率达98%。乳脂中的短链脂肪酸含量较高，构成了乳脂的特殊风味。另外，乳中含磷脂20～50 mg/100 mL，胆固醇13 mg/100 mL。水牛乳脂肪含量在各种乳类当中最高，达9.5%～12.5%。

3. 碳水化合物

乳中的碳水化合物含量为3.5%～7.5%，几乎全部为乳糖，人乳中含量最高，羊乳居中，牛乳最少。乳糖的甜度仅为蔗糖的1/6，能在人体小肠中水解成一分子葡萄糖和一分子半乳糖，有调节胃酸、促进胃肠蠕动和消化液分泌的作用，还能促进钙的吸收和促进肠道乳酸杆菌繁殖，抑制腐败菌的生长，因此对婴幼儿的消化道具有重要意义。个别人由于消化道缺乏乳糖酶，饮用牛乳以后，因乳糖不能被水解而导致腹泻、胃胀等不适应症，即乳糖不耐症，这类人群可以试喝脱乳糖的乳、乳糖酶解的乳或酸乳。

4. 矿物质

牛乳中的矿物质含量为0.70%～0.75%，富含钙、磷、钾等，其中部分与酪蛋白及酸结合形成盐类。牛乳中含钙110 mg/100 mL，且吸收率高，是人类优质钙的来源。牛乳中铁的含量仅为0.30 mg/100 mL，属缺铁食物，用牛乳喂养婴儿时应注意铁的补充，但牛初乳中铁的含量较高，可达常乳的10～17倍。此外，乳中还含有多种微量元素铜、锌、硒、碘等。母乳中矿物质含量均低于牛乳，几乎不含钾、钠和硒，钙含量为30 mg/100 mL，铁含量为0.1 mg/100 mL。由于婴幼儿泌尿系统的发育尚不完全，对尿液浓缩和稀释功能也不完善，排泄相同量溶质所需的水分比成年人多，摄入矿物质含量高的食物时易导致脱水或水肿。虽然母乳矿物质含量低于牛乳，但既可满足婴幼儿生长发育的需要又不增加婴儿肾脏负担。

5. 维生素

乳中含有人类所需的各种维生素。牛乳中的维生素含量受饲养方式和季节影响较大，如放牧期牛乳中维生素 A、维生素 D、胡萝卜素和维生素 C 含量较冬春季在棚内饲养明显增多。人乳含丰富的维生素 A，约为牛乳的两倍，羊乳中维生素 A 含量高于牛乳。人乳及牛乳含维生素 D 均很低，婴幼儿应注意补充。牛乳维生素 E 的含量远低于人乳，约为0.6 mg/L。人乳维生素 K 的含量低于牛乳，初乳中几乎不含维生素 K，单纯依靠母乳喂养的婴儿易发生维生素 K 缺乏。

乳是 B 族维生素的良好来源，人乳中维生素 B_1、维生素 B_2 的含量分别为0.02 mg/100 mL 和0.03 mg/100 mL。乳中维生素 C 含量很低，尤其高温消毒后的牛乳含量更低。

(二) 乳制品的营养保健功能

乳制品是指鲜乳经过加工制成的产品，主要包括消毒牛乳、乳粉、酸乳、炼乳、乳油和乳酪等。

1. 消毒牛乳

消毒牛乳为鲜牛乳经过过滤、加热杀菌后分装出售的液态乳，常见的品种有全脂乳、半脱脂乳、脱脂乳等。消毒牛乳蛋白质含量不低于2.9%。脂肪的含量全脂乳不低于3.1%，半脱脂乳为1.0%~2.0%，脱脂乳为0.5%，特浓乳可达3.6%~4.5%。消毒牛乳除维生素 B_1 和维生素C有损失外，其他营养成分与鲜牛乳差别不大。消毒牛乳主要有两类。①巴氏杀菌乳：通常指将生乳加热到72~85℃，瞬间杀死致病微生物，保留有益菌群。优点是对牛乳营养物质破坏少，充分保持牛乳的新鲜度；缺点是只能低温保存，保存时间较短。②超高温杀菌乳：在135~150℃下对牛乳进行瞬间杀菌处理，完全破坏其中可生长的微生物和芽孢。优点是常温下可保存较长时间；缺点是高温下易导致较多营养素损失。

2. 乳粉

乳粉为鲜牛乳经消毒、脱水并干燥成的粉状食品。与鲜乳相比，其最大的优点为易于运输保存，速溶乳粉冲调快速，食用方便。乳粉主要分为全脂乳粉、脱脂乳粉和调制乳粉。①全脂乳粉：鲜乳消毒后，除去70%~80%的水分，采用喷雾干燥法，将乳粉制成雾状微粒。产品溶解性好，对蛋白质性质、乳的色香味及其他营养成分影响很小。此产品适合血脂正常的多数人群食用。②脱脂乳粉：其生产工艺同全脂乳粉，但原料乳经过脱脂处理。此产品中的脂肪含量降至1.3%，脂溶性维生素损失较多，其他成分变化不大。此种乳粉适合腹泻的婴儿及要求低脂膳食的人群食用。③调制乳粉：是以牛乳为基础，调整其营养成分，再根据不同人群的营养需要，加入适量的维生素、微量元素等调制而成。各种营养素的含量、种类和比例更趋合理，其产品主要包括婴幼儿配方乳粉、孕妇乳粉、儿童乳粉、中老年乳粉等。

3. 酸乳

酸乳通常是将鲜乳加热消毒后接种乳酸菌，在30℃左右下培养，经4~6h发酵制成。鲜乳制成酸乳后，乳糖变成了乳酸，有效地提高了钙、磷在人体中的利用率，同时也有助于提高食欲，增进消化。游离氨基酸和肽增加，提高了蛋白质的营养价值。脂肪部分水解，形成了独特风味。叶酸含量增加1倍，维生素C含量也有所提高。酸乳中含有的乳酸杆菌和双歧杆菌为肠道益生菌，能减轻腐败菌在肠道内产生，调节肠道有益菌群的水平，对人类有重要的保健功能。由于酸乳比纯乳更容易消化吸收，营养保健功能更强，对乳糖不耐症者的症状也有所减轻，因此，酸乳几乎适合任何人群食用。

4. 炼乳

炼乳由鲜牛乳加热浓缩而成，分为淡炼乳和甜炼乳。①淡炼乳：是将鲜乳在低温真空条件下蒸去 2/3 的水分，经均质、灭菌制成。蛋白质的含量不低于 6.0%，脂肪含量不低于 7.5%。在加工过程中，维生素 B_1 及维生素 C 的损失程度较大，且开罐后不能久存，必须在 1～2d 内用完，故常用维生素予以强化。②甜炼乳：在鲜乳中添加 15% 的蔗糖后，经减压浓缩而成。蛋白质的含量不低于 6.8%，脂肪含量不低于 8.0%，含糖高达 45%。由于含糖量高，食用时需添加较多水分稀释，营养成分降低，不宜供婴儿食用。

5. 乳酪

乳酪是在原料乳中加入适量的乳酸菌发酵剂或凝乳酶，使蛋白质发生凝固，并加盐、压榨、去乳清之后的产品。乳酪的主要成分是酪蛋白，经发酵后，产生了更多的游离氨基酸、小分子肽类以及特殊风味成分。乳酪含原料乳中的多种维生素，脂溶性维生素较好得以保留，水溶性维生素有所损失，维生素 C 几乎全部损失。

第五节　蛋类和其他食物类的营养保健特性

一、蛋类的营养保健特性

常见的蛋类有鸡蛋、鸭蛋、鹅蛋、鹌鹑蛋、鸽子蛋及其制品等。其中产量最大、食用最普遍、食品加工业中使用最广泛的是鸡蛋。蛋类在我国居民膳食结构中占有重要地位，主要提供优质蛋白质。

（一）蛋类的结构

各种禽蛋的结构都很相似。主要由蛋壳、蛋清、蛋黄三部分组成。以鸡蛋为例，每只蛋平均重约 50 g，蛋壳重量占全蛋的 11%，其主要成分是 96% 的碳酸钙，其余为碳酸镁和蛋白质。蛋壳表面布满直径为 15～65 μm 的角质膜，在蛋的钝端角质膜分离成一气室。蛋壳的颜色由白到棕色，深度因鸡的品种和饲料构成而异。颜色是由于有卟啉的存在，与蛋的营养价值关系不大。蛋清占全蛋的 57%，由两部分组成，外层为中等黏度的稀蛋清，内层包围在蛋黄周围的为稠蛋清。蛋黄占全蛋的 32%，由无数富含脂肪的球形微包组成，表面包有蛋黄膜，有两条韧带将蛋黄固定在蛋的中央。

（二）蛋类的营养保健特性

1. 蛋清

蛋清和蛋黄分别约占总可食部分的 2/3 和 1/3。蛋清中营养素主要是蛋白质，其含量一般在 12% 左右，主要由卵清蛋白、卵黏蛋白、卵球蛋白等组成。含有人体必需氨基酸，且氨基酸组成与人体组成模式接近，生物学价值达 95 以上。全蛋碳水化合物含量为 1%～3%，蛋清略低于蛋黄，主要是葡萄糖，占 98%，其余为果糖、甘露糖、阿拉伯糖等。维生素含量较少，主要是核黄素。脂肪含量仅为 0.02%，不含胆固醇。蛋中的矿物质主要存在于蛋黄部分，蛋清中含量较低。

生蛋清中含有抗生物素和抗胰蛋白酶，前者妨碍生物素的吸收，后者抑制胰蛋白酶的活力，但当蛋煮熟时，即被破坏。

2. 蛋黄

蛋黄比蛋清含有较多的营养成分。蛋黄中蛋白质含量高于蛋清，平均约为 15%。碳水化合物含量较少，主要是葡萄糖，大都以蛋白结合形式存在。脂肪含量达 28%～33%，其中三酰甘油占 62%～65%，磷脂占 33%（主要是卵磷脂和脑磷脂），还有 4%～5% 的胆固醇和微量脑苷脂等。全蛋胆固醇含量为 500～700 mg/100 g，蛋黄中含量较高，鸡蛋黄为 1 510 mg/100 g，鸭蛋黄为 1 576 mg/100 g，鹅蛋黄约为 1 696 mg/100 g，而乌鸡蛋黄含量最高，达 2 057 mg/100 g。蛋黄含矿物质为 1.0%～1.5%，其中磷最为丰富，占 60% 以上，钙约占 13%，铁含量也较丰富，但因有卵黄高磷蛋白的干扰，其吸收率只有 3%。蛋黄还含有较多的维生素，以维生素 A、维生素 E、维生素 B_2、维生素 B_6、泛酸为主。维生素 D 的含量随季节、饲料组成和鸡受光照的时间不同而有一定变化。蛋黄的颜色来自核黄素、胡萝卜素和叶黄素等，其颜色深浅与饲料成分有关，如果饲料中类胡萝卜和维生素 A 含量高，则蛋黄颜色深，营养价值高，对眼睛有很好的保健作用。

蛋类的甲硫氨酸含量相对较高，与豆类和谷类食品混合食用时，能补充谷类和豆类食品蛋白质中甲硫氨酸的不足，以提高营养价值。全蛋蛋白质几乎能被人体完全吸收利用，是食物中最理想的优质蛋白质。在进行各种食物蛋白质的营养质量评价时，常以全蛋蛋白质作为参考蛋白。

二、其他食物类的营养保健特性

（一）坚果、种子类的营养保健特性

坚果又称壳果，这类食物可食部分多为坚硬果核内的种仁子叶或胚乳，富含淀粉和油脂。植物的干种子在商业上常与坚果放在一起,可分成两个亚类。①树坚果:包括杏仁、腰果、开心果、榛子、山核桃、松子、核桃、板栗、白果(银杏)等。②种子:包括花生、葵花子、南瓜子、西瓜子等。

坚果、种子类的蛋白质含量为3.8%～28.5%,其中,花生仁、南瓜子、杏仁、腰果、开心果含量较高,均在20%以上。该类食物蛋白质的必需氨基酸种类大都比较齐全、结构合理。开心果的赖氨酸含量高,葵花子富含甲硫氨酸和胱氨酸。坚果、种子类的脂肪含量除栗子含量低外,多数在50%。其脂肪酸绝大部分是不饱和脂肪酸,并且单不饱和脂肪酸所占比例较高,如杏仁、夏威夷果和开心果单不饱和脂肪酸占总脂肪酸的比例分别高达71%、82%和68%,对人体具有重要保健功能。碳水化合物含量不高,熟制品多数在20%左右,栗子相对较高。富含矿物质,每100g熟制的山核桃、杏仁、开心果和葵花子的钙含量分别达132mg、174mg、108mg和112mg,铁的含量分别达6.0mg、5.3mg、4.4mg和9.1mg,锌和硒的含量也普遍较高。坚果、种子类多数是维生素E和B族维生素的良好来源。

(二)调味品类的营养保健特性

1. 食盐

食盐按来源分为海盐、井盐、矿盐、池盐(湖盐)四种;按加工精度分为粗盐和精盐。粗盐色深、味苦,氯化钠含量约为94%,还含有氯化钾、氯化镁、硫酸钙、硫酸钠等,多用于腌制咸菜和鱼、肉等。精盐色白、味纯,氯化钠含量达99.6%以上,适合于烹饪调味。目前,市场上的食盐多为强化营养盐。

2. 食醋

食醋由粮食或水果等经醋酸菌发酵酿造而成。食醋按原料可分为粮食醋和水果醋;按照生产工艺可分为酿造醋、配制醋和调味醋;按照颜色可分为黑醋和白醋。酿造食醋的pH值为3～4,总酸含量为5%～8%,老陈醋总酸含量可高于10%。食醋中蛋白质含量为0.05%～3.0%,含氮物质中有一半为氨基酸态氮。碳水化合物的含量为3%～4%,老陈醋可达12%,白米醋仅为0.2%。酿造醋中含有较为丰富的维生素B_1、维生素B_2、维生素C和矿物质钙、铁等,属于碱性食物,有增进食欲、助消化、消除疲劳和延缓衰老的性能,同时对降低血压、防止动脉粥样硬化、降低胆固醇等也有一定的疗效。果醋兼有水果和食醋的营养保健功能,是集营养、保健、食疗等功能为一体的新型饮品。

3. 酱油

酱油分为酿造酱油、配制酱油和化学酱油。酿造酱油用脱脂大豆(或豆饼)或小麦(或麦麸)经酿造而成;配制酱油以酿造酱油为主体,与酸水解植物蛋白调味液等配制而成；化学酱油用富含蛋白的原料，经盐酸水解，碱中和制成。无论从色、香、味还是营养价值来讲，酿造酱油质量最好。酱油有生抽和老抽之分，生抽用于提鲜，老抽用于提色。含氮化合物的含量是衡量其品质的重要标志。酱油总氮含量为 1.3% ~ 1.8%，其中氨基酸态氮越高，酱油的等级就越高，营养价值越高，按照我国酿造酱油的标准，氨基酸态氮 ≥ 0.8 g/100 mL 为特级。酱油中含有少量的葡萄糖、麦芽糖、糊精等。还含有一定量的维生素，其中，维生素 B_1 0.01 mg/100 g，维生素 B_2 0.05 ~ 0.20 mg/100g，烟酸含量在 1.0 mg/100 g 以上。酱油中所含氯化钠在12% ~ 14%，还含有多种酯类、醛和有机酸等，是其香气的主要来源。

4. 酒类

酒类由原料中的碳水化合物酿造而成。酒类品种繁多，按酿造方法分为发酵酒、蒸馏酒和配制酒；按酒精度分为低度酒、中度酒和高度酒；按原料来源分为白酒、黄酒和果酒；按香型分为茅香型、泸香型、汾香型（清香型）、米香型等。

酒都含有不同量的乙醇，每克乙醇可提供 7 kcal 的能量。在所有酒中，蒸馏酒（譬如白酒）营养价值最低。氨基酸和短肽在黄酒、葡萄酒、啤酒等发酵酒类中含量较高，果酒中含量较低，而蒸馏酒中几乎不含。矿物质和维生素含量与酿酒的原料、水质、工艺等关系密切。葡萄酒、黄酒、啤酒和果酒中含有较多的矿物质和维生素。酒类除了上述常见营养成分外，还含有很多其他非营养成分，包括有机酸、酯、醇、醛、酮及酚类等，虽然含量不多，但这些成分对酒的品质影响较大，同时，对酒的营养、保健作用也有较大影响。

5. 食糖

食糖主要分为白糖和红糖两类，其主要成分为蔗糖，由甘蔗或甜菜制成，其中白糖又分为白砂糖和绵白糖两类。食糖主要包括白砂糖、绵白糖、赤砂糖、红糖、方糖和冰糖等。白砂糖纯度高，蔗糖含量达 99% 以上，而绵白糖仅为 96%，同时含有少量糖蜜或果糖成分。红糖含蔗糖 84% ~ 87%，还含有少量葡萄糖、果糖及铁、铬等矿物质。红糖有"和脾缓肝""补血、活血、通淤、排恶露"之说。冰糖是以白砂糖为原料，经加水溶解、除杂、清汁、蒸发、浓缩、冷却结晶制成。冰糖品质比砂糖更纯正。冰糖性温，有止咳化痰的功效，广泛用于食品和医药行业生产的高档补品、保健品。

6. 蜂蜜

蜂蜜由蜜蜂从开花植物的花中采得的花蜜在蜂巢中酿制而成，其成分主要是葡萄糖和果糖，含量为 65% ~ 80%，而蔗糖含量极少，不到 5%，还含有多种维生素、矿物质、氨基酸和多种酶类，有较高的营养保健作用，具有滋养、润燥、解毒的功效。1 kg 的蜂蜜约含有 2 940 kcal 的热量。蜂蜜糖含量非常高，耐藏性非常好，常温下可长期保存。

7. 味精与鸡精

味精是以粮食为原料，经发酵产生的谷氨酸钠盐。它在 pH 值为 6.0 左右鲜味最强，在 pH 值 > 7.0 时失去鲜味。市场上销售的"鸡精""牛肉精"等复合鲜味调味品中含有味精、核苷酸、糖、盐、肉类提取物、蛋白水解物、香辛料和淀粉等成分，能赋予食品一定的美味。

第四章 食品的营养强化

第一节 食品营养强化剂与强化技术

一、食品营养强化剂

食品营养强化剂主要包括氨基酸及含氮化合物、维生素、矿物质，还包括用于营养强化的其他营养素和营养成分，如脂肪酸和膳食纤维等，对食品的营养强化。

（一）氨基酸及含氮化合物

氨基酸是蛋白质的基本组成单位，尤其是必需氨基酸更是食品营养强化剂的组成部分。至于氨基酸以外的含氮化合物有很多，例如，核苷酸和一些维生素均含氮，这里重点介绍牛磺酸。

1. 氨基酸

作为食品营养强化用的氨基酸，实际应用最多的是人们食物最易缺乏的一些限制性氨基酸，如赖氨酸、甲硫氨酸、苏氨酸、色氨酸等。

赖氨酸是应用最多的氨基酸强化剂。这因为它不仅是人体必需氨基酸，而且还是谷物食品如大米、小麦、玉米等的第一限制氨基酸。其含量仅为肉、鱼等动物蛋白质含量的1/3。这对于广大以谷物为主食，且动物性蛋白质食品摄入不足的人来说，确实有进行营养强化的必要。但是，赖氨酸很不稳定，因此，作为谷物食品营养强化用的赖氨酸制剂多是赖氨酸的衍生物。

2. 牛磺酸

牛磺酸又称牛胆酸，因其最早从牛胆中提取出来而得名，其化学名为2-氨基乙磺酸。它既可从外界摄取，也可在体内由甲硫氨酸或半胱氨酸的中间代谢产物磺基丙氨酸脱酸形成，并在体内游离存在。其作用主要是促进大脑生长发育、维护视觉功能，有利于脂肪消化吸收等，对婴幼儿的正常生长发育，特别是智力发育有益。

人乳可保证婴儿对牛磺酸的需要，但它在人乳中的含量会随婴儿出生后天数的增加而减少。此外，尽管它可在人体内合成，但婴儿体内磺基丙氨酸脱羧酶活性低、合成速度受限，而牛乳中的牛磺酸含量又很低，故很有必要进行营养强化。作为食品营养强化剂的牛磺酸系由人工合成，主要用于婴幼儿食品，特别是乳制品的强化。

牛磺酸的使用量为：固体饮料，1.1～1.4g/kg；豆粉、豆浆粉、果冻，0.3～0.5g/kg；豆浆，0.06～0.1g/kg；含乳饮料，0.1～0.5g/kg等。

(二) 维生素

维生素是一类小分子有机物质，与蛋白质等大分子物质不同的是无须分解即可被吸收，并运送到全身各组织，发挥它们的特定功能，一旦摄入不足，就会导致相关新陈代谢过程的紊乱，出现各种特有的症状，严重时会危及生命。现将常用于食品强化的维生素介绍如下：

1. 水溶性维生素

(1) 维生素 C

维生素 C 即抗坏血酸，是最不稳定的维生素之一，在食品加工过程中极易被破坏而失去活性。实际应用时多使用其衍生物如 L- 抗坏血酸钠、L- 抗坏血酸钾、L- 抗坏血酸钙、维生素 C 磷酸酯镁和 L- 抗坏血酸 -6- 棕榈酸盐 (抗坏血酸棕榈酸酯) 等，所使用的维生素 C 磷酸酯镁和 L- 抗坏血酸 -6- 棕榈酸盐等的稳定性很高，有的甚至可作为高温加工食品的营养强化剂。

维生素 C 的使用量为：风味发酵乳、含乳饮料，120～240mg/kg；水果罐头，200～400mg/kg；豆粉、豆浆粉，400～700mg/kg；调制乳粉 (仅限孕产妇用乳粉)，1000～1600mg/kg；调制乳粉 (仅限儿童用乳粉)，140～800mg/kg；其他调制乳粉 (儿童用乳粉和孕产妇用乳粉除外)，300～1000mg/kg；胶基糖果，630～13000mg/kg等。

(2) 维生素 B_1 (硫胺素)

维生素 B_1 不稳定，用于食品营养强化的品种多是其衍生物，如盐酸硫胺素和硝酸硫胺素等。上述硫胺素衍生物的水溶性比硫胺素小，不易流失，且更稳定，它们主要用于谷类食品，尤其是婴幼儿食品的营养强化。

维生素 B_1 的使用量为：大米及其制品、小麦粉及其制品与杂粮粉及其制品，3～5mg/kg；含乳饮料，1～2mg/kg；胶基糖果，16～33mg/kg；豆粉、豆浆粉，6～15mg/kg；豆浆，1～3mg/kg；果冻，1～7mg/kg；调制乳粉 (仅限孕产妇用乳粉)，3～17mg/kg；调制乳粉 (仅限儿童用乳粉)，1.5～14mg/kg等。

(3) 维生素 B_2 (核黄素)

维生素 B_2 在水中溶解度低，而核黄素 -5′ - 磷酸钠在水中的溶解度比核黄素大约 100 倍，便于分散在液体食品中。因此，近年来，多用核黄素磷酸钠代替核黄素进行液体食品的强化。

维生素 B_2 的使用量为：大米及其制品、小麦粉及其制品与杂粮粉及其制品，

3~5mg/kg；调制乳粉（仅限孕产妇用乳粉），4~22mg/kg；调制乳粉（仅限儿童用乳粉），8~14mg/kg；豆粉、豆浆粉，6~15mg/kg；豆浆，1~3mg/kg；含乳饮料，1~2mg/kg；胶基糖果，16~33mg/kg；果冻，1~7mg/kg等。

（4）烟酸

烟酸稳定性好，通常用于食品营养强化的品种即为人工合成的烟酸和烟酰胺。本品主要用于谷物食品和婴幼儿食品的营养强化。

烟酸的使用量为：大米及其制品、小麦粉及其制品与杂粮粉及其制品，40~50mg/kg；调制乳粉（仅限孕产妇用乳粉），42~100mg/kg；调制乳粉（仅限儿童用乳粉），23~47mg/kg；豆粉、豆浆粉，60~120mg/kg；豆浆，10~30mg/kg；固体饮料类，110~330mg/kg；饮料类（包装饮用水类、固体饮料类涉及品种除外），3~18mg/kg等。

（5）维生素 B_6

用于维生素 B_6 营养强化的品种主要是人工合成的盐酸吡哆醇和5-磷酸吡哆醛，它主要用于乳粉、饮料和饼干等食品的营养强化。

维生素 B_6 的使用量为：调制乳粉（仅限孕产妇用乳粉），4~22mg/kg；调制乳粉（仅限儿童用乳粉），1~7mg/kg；其他调制乳粉（儿童用乳粉和孕产妇用乳粉除外），8~16mg/kg；固体饮料类，7~22mg/kg；饮料类（包装饮用水类、固体饮料类涉及品种除外），0.4~1.6mg/kg；饼干，2~5mg/kg；其他焙烤食品，3~15mg/kg等。

（6）叶酸

叶酸在食物中含量甚微，且生物利用率低，易于缺乏，尤其对孕妇、乳母和婴幼儿更易缺乏，有必要进行一定的营养强化。商业上常用的叶酸强化剂为蝶酰谷氨酸，其稳定性较好，主要用于婴儿食品、保健食品、谷物和饮料的强化。

叶酸的使用量为：调制乳（仅限孕产妇用调制乳），0.4~1.2mg/kg；调制乳粉（仅限孕产妇用乳粉），2~8.2mg/kg；调制乳粉（仅限儿童用乳粉），0.42~3mg/kg；其他调制乳粉（儿童用乳粉和孕产妇用乳粉除外），2~5mg/kg；固体饮料类，0.6~6mg/kg；饼干，0.39~0.78mg/kg；其他焙烤食品，2~7mg/kg等。

（7）维生素 B_{12}

作为维生素 B_{12} 营养强化用的品种通常是氰钴胺、盐酸氰钴胺或羟钴胺。它们主要用于乳粉、饮料等食品的营养强化。

维生素 B_{12} 的使用量为：调制乳粉（仅限孕产妇用乳粉），10~66 μg/kg；调制乳粉（仅限儿童用乳粉），10~33μg/kg；固体饮料类，10~66μg/kg；饮料类（包装饮用水类、固体饮料类涉及品种除外），0.6~1.8μg/kg；其他焙烤食品，10~70μg/

kg 等。

此外，用于营养强化的水溶性维生素还有泛酸和生物素等，常用于乳粉和饮料等食品的营养强化。

2. 脂溶性维生素

（1）维生素 A

用于营养强化的维生素 A，既可以将天然物中高单位维生素 A 油皂化后经分子蒸馏、浓缩、精制而成，也可以用化学法合成。常用的品种为维生素 A 油，这是将鱼肝油经真空蒸馏等精制而成，也可将视黄醇与乙酸或棕榈酸制成醋酸维生素 A 或棕榈酸维生素 A 后再添加至精制植物油中予以应用。它们主要用于油脂如色拉油、人造乳油、乳和乳制品等的营养强化，也可根据需要在面粉中进行强化。β- 胡萝卜素也可作为维生素 A 的强化剂使用，其强化量则按 1 μg β- 胡萝卜素＝0.167 μg 视黄醇计算。

维生素 A 的使用量为：调制乳，0.6～1.0mg/kg；调制乳粉（仅限孕产妇用乳粉），2～10mg/kg；调制乳粉（仅限儿童用乳粉），1.2～7mg/kg；其他调制乳粉（儿童用乳粉和孕产妇用乳粉除外），3～9mg/kg；固体饮料类，4～17mg/kg；含乳饮料，0.3～1mg/kg；饼干，2.33～4mg/kg；植物油、人造黄油及其类似制品，4～8mg/kg 等。

（2）维生素 D

利用维生素 D 来防治儿童佝偻病具有很重要的作用，我国曾以此取得显著成效。作为维生素 D 强化剂应用的主要是维生素 D_2 和维生素 D_3。前者由麦角固醇经紫外线照射转化制得，后者则由 7- 脱氢胆固醇经紫外线照射转化制得，后者的活性比前者稍大。维生素 D 可用于多种食品的强化，在强化过程中采取稀释的方法添加，一般稀释倍数可达到上千倍。

维生素 D 的使用量为：调制乳，10～40 μg /kg；调制乳粉（仅限孕产妇用乳粉），23～112 μg /kg；调制乳粉（仅限儿童用乳粉），20～112 μg /kg；调制乳粉（儿童用乳粉和孕产妇用乳粉除外），63～125 μg /kg；固体饮料类，10～20 μg /kg；含乳饮料，10～40 μg /kg；饼干，16.7～33.3 μg /kg；其他焙烤食品，10～70 μg /kg；人造黄油及其类似制品，125～156 μg /kg 等。

（3）维生素 E

商品维生素 E 强化剂产品溶于酒精和脂肪，不溶于水。维生素 E 强化剂有多种化合物来源，其中 DL-α- 醋酸生育酚是一种常用的液态强化剂。各种形式的生育酚均有吸收氧的能力，因而具有营养和抗氧化双重功能。除作为营养补剂添加于强化食品外，维生素 E 还作为抗氧化剂被广泛用于油脂类食品、油炸食品、儿童食品、休闲食品中。维生素 E 常用于婴儿食品、饮料、人造乳油和油脂加工中。

维生素 E 的使用量为：调制乳，12～50mg/kg；调制乳粉（仅限孕产妇用乳粉），32～156mg/kg；调制乳粉（仅限儿童用乳粉），10～60mg/kg；调制乳粉（儿童用乳粉和孕产妇用乳粉除外），100～310mg/kg；固体饮料类，76～180mg/kg；饮料类（包装饮用水类、固体饮料类涉及品种除外），10～40mg/kg；人造黄油及其类似制品，100～180mg/kg 等。

（4）维生素 K

维生素 K 通常很少缺乏，但人乳中维生素 K 含量偏低（约 2 μg /L），且哺乳婴儿胃肠功能不全，故可应用植物甲萘醌对婴幼儿食品进行适当的营养强化。

维生素 K 的使用量为：调制乳粉（仅限儿童用乳粉），420～750 μg /kg；调制乳粉（仅限孕产妇用乳粉），340～680 μg /kg。

（三）矿物质

人体所需矿物质种类很多，日常饮食一般均能满足需要，3 种矿物质（钙、镁、磷）和 6 种微量矿物质（铜、氟、碘、铁、锰、锌）强化剂常用于食品的强化。但在公共用水和瓶装水中，氟被限制使用。其他一些矿物质，如铬、钾、钼、锡、钠，一般不作为强化剂使用，一方面是大多数食品中均含有这些矿物质，另一方面是各国很少对这些矿物质摄入水平进行规定。

相对维生素来说，矿物质的优点是具有良好的稳定性，在食品加工和储存条件下通常表现出极好的稳定性；缺点和困难是生物可利用率和溶解性差，易与其他营养素发生不利的作用，并且易导致食品色泽发生变化等。因此，在为特定产品选择合适的矿物质时需格外慎重，必须考虑产品配方中的其他原料和营养素的特性。

1. 钙

国家标准中可以用于营养强化的钙盐有 10 多种，既有无机钙盐，也有有机钙化合物。其中柠檬酸钙、葡萄糖酸钙、乳酸钙、乙酸钙、氨基酸钙等钙盐可溶于水，使用方便，但价格较高。在含有蛋白质的液态食品（如液态乳、植物蛋白饮料等）中使用，容易引起蛋白质变性，破坏产品原有的性状。碳酸钙和磷酸氢钙等不溶于水，在液态食品中使用时会产生沉淀。此外，还可使用骨粉等制品对食品进行一定的钙强化。

许多生物学试验表明，不同钙盐在人体中的吸收利用率无显著性差异。从吸收利用率来考虑，碳酸钙是最经济、最安全、人体吸收利用率相对较高的钙盐，而且含钙量也较高。骨粉是用动物骨头加工而成的，由于动物体内有很大部分重金属元素沉积于骨骼中，也容易引起重金属超标。另外，骨头来源及成分复杂，使骨钙质量难以控制。因此，用骨粉进行营养强化时应保证其安全性。

葡萄糖酸钙可溶于水，口感较好，适用于钙强化饮料。氨基酸钙的人体吸收利用率较其他钙盐高，但由于价格较高，一般食品企业不容易接受。乳酸钙是目前食品企业使用较多的钙盐，食品企业应注意选择具有左旋结构的乳酸钙，这种乳酸钙的人体吸收效果好一些。国内生产的乳酸钙一般都是采用发酵工艺，有些产品在发酵后会产生特殊的气味，因此应根据产品特点及工艺选择不同品质的乳酸钙。干混工艺一般不宜选择气味过大的乳酸钙。乙酸钙具有特殊的乙酸气味，除可用于生产高钙醋和酸味饮料外，一般食品中不宜使用。

钙的使用量为：调制乳，250~1 000mg/kg；调制乳粉（仅限儿童用乳粉），3 000~6 000mg/kg；调制乳粉（儿童用乳粉除外），3 000~7 200mg/kg；固体饮料类，2 500~10 000mg/kg；饮料类（包装饮用水类、果蔬汁类和固体饮料类涉及品种除外），160~1 350mg/kg；大米及其制品、小麦粉及其制品和杂粮粉及其制品，1 600~3 200mg/kg；豆粉、豆浆粉，1 600~8 000mg/kg；饼干，2 670~5 330mg/kg；其他焙烤食品，3 000~15 000mg/kg等。

2. 锌

锌是人体极易缺乏的无机元素之一。人体缺锌主要表现为食欲不振、生长停滞、味觉减退、性发育迟缓、创伤愈合不良及皮炎等。尤其是儿童和孕妇，缺锌将造成胎儿畸形、神经系统发育不良。解决人体缺锌的方法，除了多食含锌高的海产品外，还可口服含锌制剂及进行营养强化。

各类锌强化剂各有特点，因此选择锌强化剂必须从生物利用率、加入后食物的色、香、味和稳定性，以及添加成本等方面综合考虑，但有时不可兼得。无机锌的锌含量总体比有机锌及其他锌营养强化剂的锌含量高，但是对胃有一定的刺激性。如果被强化的食品中含较多的植酸，则会减少机体对锌的吸收和内源性锌的再吸收。对于有机锌而言，一般认为，小分子的有机锌络合物具有易吸收、生物利用率高等特点。

锌的使用量为：调制乳，5~10mg/kg；调制乳粉（仅限孕产妇用乳粉），30~140mg/kg；调制乳粉（仅限儿童用乳粉），50~175mg/kg；调制乳粉（儿童用乳粉和孕产妇用乳粉除外），30~60mg/kg；固体饮料类，60~180mg/kg；饮料类（包装饮用水类、固体饮料类除外），3~20mg/kg；大米及其制品、小麦粉及其制品和杂粮粉及其制品，10~40mg/kg；豆粉、豆浆粉，29~55.5mg/kg；饼干，45~80mg/kg等。

3. 碘和硒

利用食盐加碘来防治甲状腺肿大，在我国乃至全球缺碘性地方确已收到显著成效。作为碘强化剂的品种主要是用人工化学合成的碘化钾与碘酸钾。此外，我国尚许可使用由海带等海藻中提制的海藻碘。碘强化剂除广泛应用于食盐外，还可应用于婴幼儿食品中。

碘的使用量为、食盐，20～30mg/kg（以碘元素计）。

在食品加工过程（包括精制、烧煮等）中，食物中的硒易受损失，故需强化食品。补硒最简单的方法是口服化学合成的亚硒酸钠和硒酸钠，除此以外，我国尚许可使用富硒酵母、硒化卡拉胶和硒蛋白等。这主要是将无机硒化物通过一定的方法与有机物结合，用以获取有机硒化物。例如，富硒酵母即以添加亚硒酸钠的糖蜜等为原料，经啤酒、酵母发酵后制成。通常，有机硒化物的毒性比无机硒化物低，且有更好的生物有效性和生理增益作用。硒强化剂主要在缺硒地区使用，且多应用于谷类及其制品、乳制品中。富硒酵母等有机硒尚可做成片、粒或胶囊等应用。

硒的使用量为：调制乳粉（仅限儿童用乳粉），60～130 μg /kg；调制乳粉（儿童用乳粉除外），140～280 μg /kg；大米及其制品、小麦粉及其制品和杂粮粉及其制品，140～280 μg /kg；饼干，30～110 μg /kg 等。

（四）膳食纤维

膳食纤维有益于人体健康，如预防肥胖、便秘及防治心血管病和降低结肠癌的发病率等，因而有必要用其对食品进行营养强化。

用于食品强化的膳食纤维可由多种不同的植物原料制成。例如，人们可用米糠、麸皮等制成含有一定量膳食纤维的米糠粉和麸皮粉，也可用某些蔬菜、水果制成不同的膳食纤维。

（五）抗氧化成分

过去，抗氧化成分的添加主要是防止维生素的氧化破坏。随着人们对机体氧化、抗氧化机制，以及对健康和衰老作用的不断认识，在食品中强化抗氧化成分也是必然选择，特别在老年食品和特膳食品中。抗氧化成分包括直接的抗氧化作用的物质，如维生素 E、维生素 C、类黄酮等，还包括可以提高机体抗氧化水平的物质，如 SOD 酶、谷胱甘肽等。

（六）添加其他功能性成分

功能性食品就是添加了某些功能性成分的食品。随着人们对功能食品的重视，在食品中添加功能性成分也成为潮流，如在食品中添加双歧杆菌、乳酸菌素、活性肽、功能性多糖、磷脂等。

二、食品营养强化技术

根据食品营养强化的目的和基本原则，把营养强化剂添加到食品中，不仅要选择适宜的强化方法，而且必须提高营养强化剂在强化食品中的保存率。

（一）强化方法

食品营养强化技术随着科学技术的发展而日臻完善。食品强化剂的添加方式有四种：添加纯化合物；直接添加片剂、微胶囊、薄膜或块剂；添加配制成的溶液、乳浊液或分散悬浊液；添加经预先干式混合的强化剂。采取何种添加方式，应以能使营养素在制品中均匀分布并保持最大限度的稳定为准。此外，还应考虑营养素及食品的化学、物理性能，以及添加后食品加工后续工艺环节等因素，应掌握好添加时间，使营养素受热越少越好，在空气中暴露的时间越短越好。

食品的强化因目的、内容及食品本身性质等的不同，强化方法也不同。国家法令规定的强化项目，大多是人体普遍缺少的必需营养成分。这类食品一般在日常必需食物或原料中预先加入。对于国家法令未作规定的强化食品，可根据商品性质，在食品加工过程中添加。总之，食品强化的方法有多种，综合起来有以下几类：

1. 在加工过程中添加

在食品加工过程中添加营养强化剂，是强化食品采用的最普遍的方法。此法适用于罐装食品，如罐头、罐装婴儿食品、罐装果汁和果汁粉等，也适用于人造乳油、各类糖果糕点等。强化剂加入后，经过若干道加工工序，可使强化剂与食品的其他成分充分混合均匀，并使被强化的食品的色、香、味等感官性能造成的变化尽可能小。当然，在罐装食品加工过程中往往有巴氏杀菌、抽真空处理等，这就不可避免地使食品受热、光、金属的影响，而导致强化剂及其他有效成分受损失。因此，在采取这种强化方法时，应注意工艺条件和强化条件的控制，在最适宜的时间和工序添加强化剂，尽可能地减少食品有效成分的损失。

2. 在原料或必需食物中添加

此法适用于由国家法令强制规定添加的强化食品，对具有公共卫生意义的物质也适用。例如，有些地方为了预防甲状腺肿大，在食盐中添加碘；有些国家为了防止脚气病，规定在粮食中添加维生素 B_1，如在面粉、大米中添加维生素 A、维生素 D 及铁质、钙质等。

这种强化方法简单、易操作，但存在的问题是：添加后面粉、大米、食盐等在供给居民食用前要经过储藏和运输，在储运这段时间内易造成强化成分的损失。因此，在储运过程中，其保存及包装状况将对强化剂的损失有很大影响。

3. 在成品中混入

采用前两种方法强化食品时，在加工和储藏过程中会使强化剂造成一定程度的损失。为了避免这种损失，可采取在成品中混入的方法进行强化，即在成品的最后工序中混入强化剂。例如，婴幼儿食品中的母乳化配方乳粉、军粮中的压缩食品等，均可在制成品中混入强化剂。

4. 利用物理化学方法强化

采用物理化学法进行食品强化的最典型例子是将牛乳中的麦角固醇，用紫外线照射后转变成维生素，以此方法可增加牛乳中维生素 D_2 的含量。另外，将富含强化剂的某些材料加工制成饮食器具，如餐具、饮具、茶杯等也可进行营养强化，这种方法主要可以用来强化矿物质等。

5. 利用生物技术方法强化

利用生物技术提高食品中某类营养成分的含量或改善其消化吸收性能。

首先，可以利用生物的方法使食物中原来含有的某些成分转变为人体需要的营养成分。例如，在谷类食品中植酸能与锌结合而形成不溶性盐类，使锌的利用率下降。而酵母菌产生的活性植酸酶可分解植酸锌不溶化合物，若在面粉发酵中利用酵母菌的上述作用，植酸含量可以减少13%～20%，锌的溶解度可以增加2～3倍，锌的利用率可以增加30%～50%。此外，如大豆发酵后，其蛋白质不但受微生物酶分解，而且可产生一定量的 B 族维生素，尤其是产生植物性食物中所缺的维生素 B_{12}，因而大大提高其营养价值。其次，可以利用生物的转化来提高机体对营养素的吸收和利用率。这种方法主要是先将强化剂通过生物体吸收利用，转变成生物有机体，再将富含强化剂的有机体加工成产品或直接食用，例如，可以通过酵母、乳酸菌等，将无机元素转化为有机螯合元素，降低无机元素的毒性并提高其利用率。

另外，还可以采用生物技术改良一些植物性食品原料的特性，提高其特定营养素含量或生物利用率，许多植物性食物中的维生素含量已经通过该手段有较大幅度提高。

(二) 营养强化剂的保护

在食品营养强化加工中，除需选择适当的强化方法外，还需确保营养强化剂在食品中的稳定性。因此，强化成分的保护成了食品强化加工的一个关键问题。食品经强化后，其强化成分遇热、光或氧等极易遭受破坏。此外，食用前烹调方式的不同也会造成营养强化剂的损失。强化食品中营养强化剂的稳定性主要受食品的成分、强化剂添加的方法、食品加工的工艺方法、食品消费前的储藏条件四种因素影响。在实际中，必须对上述四种因素进行综合考虑，采取适当措施，提高其稳定性。

目前，营养强化剂的保护手段和措施有多种，最常见的有：在食品中添加营养强化剂稳定剂；采取低温加热杀菌等新工艺，以改进食品加工工艺；改善储藏条件及包装方式等。

1. 添加营养强化剂稳定剂

某些维生素对氧化非常敏感，如维生素 A 和维生素 C，遇氧时极易被破坏。目前，对于易氧化破坏的维生素强化剂在实践中可适当添加抗氧化剂和螯合剂等作为其稳定剂。常用的抗氧化剂和螯合剂有去甲二氢愈创木酸（NDGA）、2- 叔丁基 -4- 甲氧基苯酚（NDA）、没食子酸丙酯（PG）、卵磷脂及乙二胺四乙酸（EDTA）等。黄豆、豌豆、扁豆、荞麦、燕麦粉及牛肝等对维生素 C 具有稳定保护作用。

2. 改进加工工艺

食品加工过程中尽量避免一些不利因素，从而达到提高营养强化剂稳定性的目的。

①避免高温、氧化、水洗流失等。

②采用食品高新技术，如微胶囊包埋技术，将营养强化剂进行包埋保护，也可避免营养素之间的拮抗。当然，不同的食品其工艺不同，可以采取的高新技术也不同。

③优化加工工艺，使工艺更加科学、合理。

3. 改善包装、储存条件

食品强化剂的作用可随食品储存时间的延长而逐渐降低，其损失程度与食品的包装和储存条件有关。在密封包装、低温、避光、干燥条件下储存时营养素损失较小。这主要是防止空气中氧气、光、热等对它们的破坏作用。

第二节　强化食品的种类

营养强化食品的种类繁多，可从不同的角度进行分类。从食用角度可分为：强化主食品，如大米、面粉等；强化副食品，如鱼、肉、香肠及酱类等；强化公共系统的必需食品，如饮用水等。按食用对象可分为：普通食品、婴幼儿食品、孕妇及乳母食品、老人食品、军用食品、职业病食品、勘探采矿等特殊需要食品。从添加的营养强化剂的种类可分为：维生素类、氨基酸类及矿物质类，还有用若干富含营养素的天然食物作为强化剂的混合型强化食品等。目前，应用较多的是强化谷物食品和强化乳粉。

一、强化谷物食品

粮食作物强化工程是国际农业研究协作组织发起的一个全球项目，旨通过生物强化途径，提高粮食作物的微量元素含量。国际粮食作物强化工程计划第一阶段的目标作物是水稻、小麦、玉米、木薯、甘薯和大豆等，目标物质是铁、锌、维生素A等。

谷物类食品包括的品种很多，但人们食用的主要是小麦和大米。谷类籽粒中营养素的分布很不均匀，在碾磨过程中，特别是在精制时容易损失很多营养素。从营养的角度来看，糊粉层非常重要，但它却易在碾磨加工时受到损失。碾磨越精，损失越多。而谷物食品是人类的主要食物，且人们倾向于食用精白米和精白面，这使机体对某些营养素的摄取减少。因此，目前许多国家都对面粉、面包、大米等进行营养强化。有的国家是自由强化，有的国家则是法定强制强化。

（一）强化米

大米是我国及东南亚、非洲等地区人们的主食。鉴于其加工后的营养损失，以及蛋白质中缺乏赖氨酸与甲硫氨酸等，对其进行营养强化十分必要。营养强化米制造方法很多，归纳起来有以下三类：

1. 营养粒型营养强化大米

营养粒型营养强化大米是用维生素 B_1、维生素 B_2、叶酸、尼克酸、铁、锌等营养素原料，按"中国大米营养强化推荐配方"的规定配比与米粉混匀，制作成与普通大米的形状、容重及色泽等各项指标近乎相同的营养米粒，再以一定的比例混匀在普通大米中，即成为营养强化大米。运用该方法营养素分布的均一性和稳定性较好，在淘洗过程中，损失也较小，主要由粉碎工段、挤压工段、干燥工段、混合工段和包装工段组成。

2. 外加法营养强化大米

外加法营养强化大米是目前应用最广的强化方法，其原理是将各种营养强化剂配制成水溶液或脂溶性溶液，然后将米浸渍于溶液中，使其吸收各种营养成分，或将营养强化剂溶液喷涂于米粒上，然后经真空干燥制成。最典型的外加法营养强化大米的加工工艺有两种：一种是直接浸吸法，另一种是涂膜法。

3. 内持营养素强化大米

内持营养素强化大米一般是设法保存米粒外层或胚芽所含的多种维生素、矿物质等营养成分，如蒸谷米、留胚米，均是靠保存大米自身某一部分的营养素来达到营养强化目的。

（二）强化面粉和面包

面粉和面包的强化是最早的强化食品之一，目前有许多国家已通过法令或法规强制执行。通常在面粉中强化维生素 B_1、维生素 B_2、尼克酸、钙、铁等。近年来，有些国家和地区还增补赖氨酸和甲硫氨酸。我国政府规定面粉中营养强化剂的添加量为（"7+1"营养强化方案）烟酸 35mg/kg、锌 25mg/kg、铁 20mg/kg、钙 1000mg/kg、维生素 B_1 3.5mg/kg、维生素 B_2 3.5mg/kg、叶酸 2mg/kg、维生素 A 2mg/kg（根据需要添加）。除了增补以上这些单纯的营养素外，有的还在面粉中加入干酵母、脱脂乳粉、大豆粉和谷物胚芽等天然食物。

二、强化副食品

（一）强化人造乳油和植物油

食用面包时常佐以人造乳油，因此人造乳油的消耗量比较大。人造乳油是每天必须食用的主要副食品。目前，全世界大约有80%的人造乳油都进行了强化。人造乳油主要强化维生素 A 和维生素 D，其强化方法是将维生素 A 和维生素 D 直接混入人造乳油中，经搅拌均匀后即可食用。

植物油作为食物营养强化的载体之一，非常适合进行维生素 A 等脂溶性维生素的强化。我国规定在植物油中可以强化维生素 A 和维生素 E，强化量分别为 4000～8000 μg/kg 和 100～180mg/kg。

（二）强化食盐和酱油

食盐是人们每天的必需品，也是主要的调味品。在内陆地区的人们往往由于缺乏碘而发生甲状腺肿大等疾病，在食盐中强化碘是防止此类疾病最好的方法。目前，世界各国都对食盐进行强化，我国的强化方法是在每千克食盐中添加 20～30mg 碘化钾。

酱油也是日常生活中常用的调味品，特别是在中国及东南亚一些国家和地区也对其进行强化，主要添加维生素 B_1、铁和钙等。高钙低盐酱油是强化酱油的典型例子。据日本特许公报报道，利用牡蛎壳中提取的天然水溶性活性钙，制造高钙低盐酱油，其含氮 1.5%、氯化钠 12.5%、钙 0.09%、pH 为 4.8。

（三）酱类的强化

酱类是亚洲国家人们常用的调味品。在酱类中强化的营养素主要有钙、磷、维生素 A、维生素 B_1、维生素 B_2、蛋白质等。钙的强化量一般是增补 1% 的碳酸钙，维生素 B_2 的强化量为 1.5mg/100g，维生素 B_1 的强化量为 1.2mg/100g，维生素 A 的强化量为 450 μg /100g。

(四) 饮料、果汁和水果罐头的强化

饮料、果汁和水果罐头是人们在日常生活中进行食品营养强化很好的载体食品，其可以进行多种维生素的强化。例如，我国规定水果罐头中维生素 C 的添加量为 200 ~ 400mg/kg、固体饮料为 1 000 ~ 2 250mg/kg。此外，尚可根据不同的需要进行不同矿物质的强化，如加硫酸镁的矿物质饮料、加锌的强化锌饮料、加铁的强化铁饮料等。

三、强化婴幼儿食品和儿童食品

婴儿每单位体重所需要的热量、蛋白质及各种维生素、矿物质的数量比成年人多出 2 ~ 3 倍。由于婴儿牙齿尚未长成，只能靠食用流质及半流质食品获取营养。过去，婴儿的喂养除了食用母乳或牛乳外，还补充一些其他辅助食品，如鱼肝油、果蔬汁、蛋黄等，以满足婴儿机体正常生长的需要。近年来，出现了强化婴儿食品，使以上繁杂的喂养问题得到了解决。目前，通常将婴儿时期需要的营养素经过详细计算后，全部添加到一种主食品中制成婴儿食品。纵观目前市场上常见的强化婴幼儿食品和儿童食品，可以分为以下几类：

(一) 母乳化乳粉

牛乳代替母乳喂养婴儿由来已久。近年来，随着工业化的发展，妇女走向社会进入工作岗位的数量与日俱增，城市母乳喂养婴儿的比例越来越低，因为牛乳与人乳在质量上存在很大差异，只靠普通的牛乳喂养婴儿不能满足其生长发育的需要，为此，我国极力提倡母乳喂养婴儿。如果用牛乳为主料喂养婴儿，则需对牛乳进行适当的强化处理，使之适合婴儿生长发育的需要。

母乳化乳粉的强化原理是改变牛乳中乳清蛋白与酪蛋白的比例，使之近似于母乳，添加亚油酸及其他必需脂肪酸，添加微量营养成分，添加乳糖或可溶性多糖，减少无机盐的含量。

以鲜牛乳为原料，以脱盐乳清粉为主要配料，适量添加糖类和脂肪，减少钾、钙、钠等无机盐的含量，使各种营养素接近或相当于母乳成分，这样加工的乳粉在我国称为婴儿配方乳粉。婴儿配方乳粉主要用做 6 个月以下婴儿母乳代用品。

此外，牛乳母乳化时应添加一些维生素，以保证婴儿维生素的充分供应。一般

需添加维生素 A、维生素 B_1、维生素 B_6、维生素 E、叶酸、维生素 C、维生素 B_2、维生素 D。

(二) 育儿乳粉

育儿乳粉是根据婴幼儿的生理特点，将牛乳进行一定的处理和强化所制成的婴幼儿食品，在强化中添加了适量的脱盐乳清粉、植物油、糖类，以及婴幼儿生长发育所必需的维生素、微量元素，尤其是牛磺酸和异构化乳糖，使育儿乳粉在营养成分组成上接近或超过婴儿配方乳粉。

牛磺酸的添加量为 20mg/100g。异构化乳糖以乳酮糖为主要成分，其主要生理功效是作为双歧乳酸杆菌生长的强力促进因子，与母乳中的乙酸氨基葡萄糖相同，具有保健和治疗的双重作用。食用含有异构化乳糖的食品后，可使肠道中原有的占总菌数 7.5% 左右的双歧乳酸杆菌迅速增值到 75%，这对婴幼儿机体有益。异构化乳糖的最适宜用量为每个婴儿每天 0.5～1.59g。在配方设计中异构化乳糖的添加量为 0.7%～1.2%（以乳酮糖计）。

我国育儿乳粉中的蛋白质含量高于国外的婴儿乳粉和母乳化乳粉，脂肪含量相当、总糖稍低、灰分略高。总的来说，育儿乳粉主要营养成分配比是合理的，符合婴幼儿的营养要求。

(三) 强化大豆儿童食品

大豆类包括黄豆、青豆和黑豆等。大豆中含蛋白质 40% 左右，其蛋白质的氨基酸组成和动物蛋白质很接近，生理价值接近肉类。其所含的必需氨基酸中只有甲硫氨酸稍不足。大豆含脂肪 18% 左右，其脂肪中含有较多的不饱和脂肪酸，熔点低、易消化，是很好的儿童食品。大豆中所含的不饱和脂肪酸可使血胆固醇和低密度脂蛋白胆固醇降低，所以食用大豆制品有利于防止动脉粥样硬化和冠心病。大豆中还富含卵磷脂，这种物质对生长发育、神经活动及延缓脑细胞衰老具有重要作用，而且卵磷脂在血液中可防止胆固醇在血管壁上沉积，所以也是其他人群，特别是中老年人的很好食品。但大豆中也存在一些有害物质，如皂角素、胰蛋白酶抑制剂、植物红细胞凝血素、豆腥味等，会影响大豆的食用性和营养价值，加工中应注意消除。

(四) 强化豆乳

豆乳是一种易被人体吸收的优质植物蛋白饮料，价格低廉、饮用方便、营养价值可与牛乳相媲美，甚至在某些方面优于牛乳。经常饮用豆乳对人体能产生很好的生理效果，也是一种良好的儿童食品。强化豆乳有锌强化豆乳（每 100mL 豆乳中强化锌 5mg，折算成乳酸锌为 18.7mg）、钙强化豆乳（豆乳中钙含量为 27mg/100g）和果汁豆乳等。在豆乳中直接添加钙盐会发生蛋白质沉淀，适当地改变加钙方式及加入量（20mg/100mL），对饮料的稳定性没有影响。

四、混合型强化食品

将各种不同营养特点的天然食物互相混合，取长补短，以提高食物营养价值为目的的强化食品称为混合型强化食品。混合型强化食品的营养学意义在于发挥各种食物中营养素的互补作用，大多是在主食品中混入一定量的其他食品，以弥补主食品中营养素的不足。其中主要补充蛋白质的不足，或增补主食品中某种限制性氨基酸，还可以增补维生素、矿物质等。

用来增补蛋白质、氨基酸用的天然食物有乳粉、鱼粉、大豆浓缩蛋白、大豆分离蛋白质、各种豆类，以及可可、芝麻、花生、向日葵等榨油后富含蛋白质的副产品。用来增补维生素用的有酵母、谷胚、胡萝卜干以及各种富含维生素的果蔬和山区野果等。海带、骨粉等则可用来增补矿物质用。我国在利用天然食物及制品进行食品强化方面有着悠久的历史，例如，我国北方某些地区的"杂合面"，以及各地的谷豆混食等早有应用。

第三节　我国强化食品的对策

鉴于我国居民的营养状况，在开展强化食品时，应采取以下措施：

一、不断修订完善相应标准，适应新的社会需求

我国最早实行批准使用的营养强化剂仅有三十余种。经过多年的增补，营养强化剂的种类和使用范围有了极大的扩充，目前约有两百种。经卫健委、国家标准化管理委员会批准立项，中国疾病预防控制中心营养与食品安全所承担了该标准的修订工作。新的营养强化剂国家标准已经正式实施。新的国家标准列出了允许使用的营养强化剂化合物来源的名单，增加了可用于特殊膳食食品营养强化剂化合物来源的名单和部分营养物质的使用量，增加了食品分类系统，明确了使用范围中的食品类别。随着强化食品开发的迅速发展，卫生部也在陆续公布新的食品营养强化剂的公告。建议根据全国居民膳食营养的最新资料数据继续进行相应调整，不断修订完善标准，适应新的社会需求。

二、提高居民对强化食品的认识水平，正确食用强化食品

近年来，通过深入持久的宣传普及工作，食用营养强化食品的优越性已经得到了发达城市广大人民群众的认可。针对农村地区和西部贫困地区，还要继续充分利用网络、广播、电视、报刊等媒体平台，宣传改善公众营养状况的重要性，不断提高人们对强化食品的认识水平。

对于健康的成年人，可以适当食用一些强化食品，但没有必要大量食用，更没必要吃太多特殊的强化食品。尤其是发达地区人群，平时就吃维生素等营养补充剂和保健品，如果再大量食用强化食品，很容易造成营养素摄入过量，危害健康。所以，要继续提高居民对强化食品的认识水平，对我国居民适时加强营养教育，让其更加全面、正确地了解营养健康知识和食品营养强化。

三、严格监控产品质量，建立有效的监督机制

强化食品的生产企业应遵循国家关于营养强化剂使用标准的相关规定，注重提高从业人员的综合素质，建立完善的质量管理体系，严格监控产品质量；相关部门对企业的生产条件、生产范围、质量检验等整个生产流程进行跟踪把关，对产品质量不合格的企业，应责令其整改或停产，为广大消费者创造良好的消费环境。这有助于消费者在信息对称的情况下做出自由选择，并可树立良好的企业形象，各种营养强化剂应合法标示，在配料表中的标示方式与顺序应符合要求。

鉴于公众营养改善问题的综合性与长期性，以及加强食品（包括强化食品在内）监控对人民健康的重要性，应制定一套强制有效的监督机制，并由专门机构或中介组织负责监督管理或提供有偿检测服务，保证食品从生产到销售的每个环节都可以相互追查，使食品安全问题可以方便地"追根溯源"，这样既减轻了企业自检的负担，也有利于对食品质量的把关和跟踪检测。

四、加快新产品的研发

虽然我国强化食品已经有了长足、快速的发展，但目前已有的品种、数量、质量远远不能满足改善国民营养状况的要求，不仅覆盖面小，没有形成规模，且价格偏高，不具备向公众营养问题存在较多的偏远地区和广大农村推广的条件。应重点扶持一批食品工业与科研机构，增强其开展基础研究和开发新产品、新技术、新工艺的能力，大力推广研究成果和促进技术转让。

五、加强政府与企业的合力

普及和推动强化食品仅靠企业行为、消费者自行选购、市场自动调节的方式是不够的，最有效的途径是加强政府与企业之间的合作。尤其是要制定具有权威性的国家法规、激励性政策、管理措施等。如公众对碘盐的认知率近100%，这主要得益于国家的推动作用。改善公众营养关系全民健康，具有强烈的社会公益性，是政府的一项重要公共职能。国家应成立专门机构，指导和调控食品营养强化工作，为其营造一个良好的法律和政策环境；企业应认真执行营养强化食品生产管理规范，向社会提供合格的产品。这样，才能使企业获得理想效益、公众获得健康体魄，营养强化食品市场才能进入良性循环。

六、采取食品强化要面向大众

鉴于居民的营养状况，采取食品强化首先要面向大众。

(一) 优先对必需的主食大米、面粉、面条、面包、食用油、馒头等进行强化

例如，研制营养强化米、生产"7+1"营养面粉(国家公众营养与发展中心和国家公众营养改善项目办公室组织国内营养专家，参照国际营养强化标准，针对中国人群特点确定的强化面粉配方，其营养成分符合中国营养学会DRI标准，即基础配方的模式。其中"7"为基础配方，包括铁、锌、钙、维生素B_1、维生素B_2、叶酸、尼克酸；"1"为维生素A。该配方为建议配方，不强制要求添加，若添加必须按照配方要求添加)等。

(二) 农民是大众的主体，而一部分农民营养状况堪忧

要把农民和农村当作开展食品营养强化的重点。

(三) 面向日用品

即对居民日常消费的食盐、酱油、食醋等调味品，补充钙、铁、锌等微量元素。

(四) 面向饮品

包括鲜乳、饮料及罐头食品等。

对上述居民消费量大而广的食品按照现代营养学原理进行营养强化，将对提高全民健康营养水平发挥最大的作用。特别是可以为提高经济欠发达地区的农民群众和弱势人群(少年儿童、婴幼儿、妇女和老年人)的健康营养水平开辟一条捷径。

第五章　健康管理基础

第一节　健康管理基础知识

一、健康与亚健康

为积极应对当前国家人口突出的健康问题，必须关口前移，采取有效干预措施，努力使群众不生病、少生病，提高生活质量，延长健康寿命。这是以较低成本取得较高健康绩效的有效策略，是解决当前健康问题的现实途径，是落实健康中国战略的重要举措。

（一）健康

健康的定义为："健康不仅是没有疾病，而且包括躯体健康、心理健康、社会适应良好和道德健康。"该定义具有三个重要特征：

①突破了"无病即健康"的狭隘、消极、低层次的健康观；

②对健康的解释从"生物人"扩大到"社会人"的范围，把人的社会交往、人际关系和健康联系起来，同时也强调了社会、政治和经济对健康的影响；

③从个体健康扩大到群体健康，以及人类生存空间的完美。

依据健康的概念和科学内涵，WHO 提出了健康的十条标准：

①有充沛的精力，能够从容不迫地负担日常生活和工作的压力而不感到紧张。

②处事乐观，态度积极，乐于承担责任，事无巨细不挑剔。

③善于休息，睡眠良好。

④应变能力强，能适应外界环境的各种变化。

⑤能够抵御一般性的感冒和传染病。

⑥体重适当，身体匀称，站立时头、肩位置协调。

⑦眼睛明亮，反应敏锐，眼睑不发炎。

⑧牙齿清洁，无龋齿，无疼痛，牙龈颜色正常，无出血现象。

⑨头发有光泽，无头屑。

⑩肌肉丰满，皮肤富有弹性。

为了简明易记，WHO 还概括出了健康的四大基石：适量运动、合理膳食、戒烟戒酒和心理平衡。

（二）亚健康

亚健康是指机体虽无明确的疾病，却呈现出活力降低、适应能力不同程度减退的一种非健康、非患病的中间状态，又称"第三状态""灰色状态"等。WHO 提出：亚健康是指人在身体、心理和社会环境方面表现出不适应，是一种介于健康与疾病之间的状态。

研究认为，我们的健康状态可分为三种：第一种是没有疾病的健康人，约占15%；第二种是处于疾病状态的病人，约占15%；第三种是处于健康和疾病之间的亚健康人群，占 65%~75%。综上可以看出，目前大部分人处于亚健康状态。亚健康状态是指无临床特异症状和体征，或出现非特异性主观感觉，而无临床检查证据，但已有潜在发病倾向信息的一种机体结构退化和生理功能减退的低质与心理失衡的状态。处于亚健康状态者，不能达到健康的标准，表现为一定时间内活力降低、功能和适应能力减退，但不符合现代医学有关疾病的临床和亚临床诊断标准。

亚健康是动态可控的，若能及时进行有效调控，可向健康状态转归；如果任由其发展进一步恶化，将会导致器质性病变，转向疾病，甚至会出现"过劳死"。

亚健康状态大体上可分为躯体性亚健康、心理性亚健康和社交性亚健康三类。

1. 躯体性亚健康

主要表现为躯体性疲劳，例如头晕头疼、两目干涩、胸闷气短、心慌、疲倦乏力、少气懒言、胸胁胀满、食欲不振、消化吸收不良等症状。近年来，中年知识分子普遍出现体质下降、慢性病多发，其主要原因是长期工作、劳累过度、不能及时缓解疲劳，积劳成疾，甚至导致死亡。

2. 心理性亚健康

主要表现为焦虑，常伴有精神不振、情绪低落、郁郁寡欢、情绪急躁易怒、心中懊悔、紧张、焦虑不安、睡眠不佳、记忆力减退、无兴趣爱好、精力下降等症状。现如今更多的焦虑来自生活或工作，负性情绪会影响神经系统、内分泌系统和免疫系统，可导致免疫功能下降、抗病力减弱、内分泌失调，从而工作效率下降，对外界事物的承受能力、接受能力和处理能力降低。

3. 社交性亚健康

主要表现为与他人之间的心理距离加大、交往频率下降、人际关系不稳定，有孤独、冷漠、猜疑、自闭、虚荣、傲慢等情绪。现代人之间的情感沟通越来越少，人与人之间的屏障越来越厚，人的社会性受到了遏制，随之而来的就是各种心理障碍和疾病。

目前有关亚健康状态的检测、诊断、评估手段很多，但还缺乏统一、公认的诊断标准。本书重点介绍症状评估法诊断亚健康。

慢性疲劳综合症的诊断标准，具体有以下三个方面内容：

第一，临床评定的、持续或反复发作的慢性疲劳，病史不少于6个月，且目前患者职业能力、接受教育能力、个人生活及社会活动能力较患病前明显下降，休息后不能缓解。

第二，至少同时具备以下8项中的4项：

①记忆力或注意力下降；

②咽痛；

③颈部僵直或腋窝淋巴结肿大；

④肌肉疼痛；

⑤多发性关节痛；

⑥反复头痛；

⑦睡眠质量不佳，睡醒后不轻松；

⑧劳累后肌肉痛。

第三，排除下列慢性疲劳：

①原发病的原因可以解释的慢性疲劳；

②临床诊断明确，但在现有的医疗条件下治疗困难的一些疾病持续存在而引起的慢性疲劳。

二、健康管理

健康管理在中国是一个全新的行业，近年来才开始受到社会各界的广泛关注。由于健康管理人才的缺失和理论研究正处于形成阶段，全国健康管理市场服务普遍存在不规范的问题，许多商家还打着"健康管理"的旗号进行违法活动，给人们心理上造成了很大的排斥感。因此，健康管理的研究与规范对于全面健康理念的建立尤为关键。

（一）健康管理的概念

健康管理如同其他学科和行业一样，是以人类知识和经验的积累为基础，随着人们对健康的追求和医疗市场的需求应运而生。人口的老龄化、慢性病发病率的提升以及环境的不断恶化，尤其是社会财富的不断涌现、人口素质的不断提高、人们对健康观念的转变，使医疗卫生需求不断增长。市场出现了医疗费用无法遏制的持续上升和与健康相关的生产效率不断下降的局面，构成了对国家经济和社会发展的威胁和挑战。面对新的挑战，传统的以疾病为中心的诊治模式明显难以应对，以个体和群体健康为中心的管理模式的形成已迫在眉睫，同时新技术的产生也为新模式的形成奠定了基础。

目前，对健康管理的含义，存在不同视角的理解。如从公共卫生角度分析认为，健康管理就是找出健康的危险因素，然后进行连续监测和有效控制；从预防保健角度分析认为，健康管理就是通过体检早期发现疾病，并做到早诊断、早治疗；从健康体检角度分析认为，健康管理是健康体检的延伸与扩展，健康体检加检后服务就等于健康管理；从疾病管理角度认为，健康管理说到底就是更加积极主动地筛查与及时诊治疾病。

健康管理是以现代健康概念（生理、心理和社会适应能力）和新的医学模式（生理—心理—社会）以及中医治未病为指导，通过采用现代医学和现代管理学的理论、技术、方法和手段，对个体或群体整体健康状况及影响健康的危险因素进行全面监测、评估，有效干预与连续跟踪服务的健康促进行为及过程。其目的是以最小的投入预防疾病发生、控制疾病发展、提高生命质量，最终获取最大的健康收益。

健康管理主要是针对健康需求对健康资源进行计划、组织、指挥、协调和控制的过程，即对个体和群体健康进行全面监测、分析、评估，提供健康咨询和指导，以及对健康危险因素进行干预的过程。健康需求不仅包括求医用药和健康状态（如糖尿病和老年痴呆），还包括观察健康危险因素，如不健康的生活方式、超重、肥胖、血脂异常、血糖异常、血压异常等。健康管理手段是对健康危险因素进行分析、对健康风险进行量化评估或对干预过程进行监督指导。

（二）健康管理的特点

健康管理的特点表现为前瞻性和综合性。

①前瞻性。健康管理的目的是对引起疾病的危险因素进行准确干预，从而防止或延缓疾病的发生与发展，以降低社会医疗成本，提高人群生活质量，前瞻性是实现健康管理价值的关键。

②综合性。要实施准确的健康管理就必须综合多学科的知识和力量，包括医学、运动生物学、运动训练学、营养学、管理学，对疾病及危险因素进行分析，并调动一切社会医疗资源，制定高效的干预措施，建立切实可行的健康管理方案，确保资源的利用获取最大收益。因此，综合性是落实健康管理的前提和基础。

与健康管理相关的另一个概念就是管理。管理可分为五项职能：计划、组织、领导、协调、控制，这是一直被沿用至今的管理经典定义之一。管理的目的是使有限的资源得到最大化的利用，即以最小的投入获得最大的效用。健康服务领域中的管理可看作是，以改善个人和群体健康状态达到最大健康效益的过程。

健康管理的具体服务内容和工作流程必须依据循证医学和循证公共卫生的标准为基本准则，依据学术界公认的预防、控制指南及规范，以及可动用的当代社会医疗资源来确定和实施。健康评估和风险干预的结果既要针对个体的特征和健康需求，又要注重服务的可重复性和有效性，强调为多平台协作提供服务。

健康管理的宗旨是调动个体、群体及整个社会的积极性，最大限度地利用有限资源来实现最大化的健康收益。健康管理的具体做法就是为个体和群体（包括政府）提供有针对性的科学健康决策信息、干预的技术与手段，并创造和利用现有资源改善健康状况、提升健康水平，即防大病、管慢病、促健康。

（三）健康管理的目标

健康管理就是针对健康需求对健康资源进行计划、组织、指挥、协调和控制的过程，即对个体和群体健康进行全面监测、分析，提供健康咨询和指导，及对健康危险因素进行干预的过程。健康需求可以是一种健康状态，也可以是一种健康危险因素。因此，健康管理可以对健康状态进行评估，也可以对健康危险因素进行分析，对健康风险进行量化评估，对健康干预过程进行监督管理。需要明确的是，健康管理一般不涉及疾病的诊断和治疗过程，疾病的诊断和治疗属于治疗学，不是健康管理的工作范畴。

健康管理的目标包括：
①完善健康和福利。
②减少健康危险因素。
③预防高危人群患病。
④易患疾病的早期预防。
⑤增加临床效用、效率。
⑥避免可预防的疾病及相关并发症的发生。
⑦消除、减少无效或不必要的医疗服务。
⑧对疾病结局做出度量并提供持续的评估和改进。

（四）健康管理的内容

健康管理是以控制影响健康的因素为核心，影响健康的因素包括可变危险因素和不可变危险因素。可变危险因素也叫可控因素，通过改变自我行为实现，如不健康的饮食、缺乏锻炼、熬夜、吸烟、酗酒等不良生活方式，三高（高血压、高血糖、高血脂）等指标异常。不可变危险因素是不受个人控制因素，如年龄、性别、家族史等因素。

健康管理体现在三级预防。一级预防是无病预防（又称病因预防），是在未发病前，采取一定的措施增强个体抵抗力，从而降低发病率，或者延缓发病时间。二级预防是疾病早发现早治疗（又称为临床前期预防），即在疾病发生后，第一时间做到早发现、早诊断、早治疗的"三早"预防措施。这一级的预防是通过疾病发展初期进行有效的治疗，阻止疾病进一步发展，减少并发症后遗症的发生，或缩短恶化的时间。三级预防是治病防残（又称临床预防），疾病发生后，通过一系列的措施促进身体相应功能的恢复，最终实现提高生存质量、延长寿命、降低死亡率。

健康管理的服务过程是环形运转的循环系统。实施健康管理的具体环节分为健康监测（收集个人信息，是保证可持续实施健康管理的前提）、健康评估（提前预估疾病发生的概率，是实施健康管理的根本保障）、健康干预（通过系列措施帮助个体控制危险因素，是实施健康管理的最终目标）。整个服务过程需要结合个体健康情况，不断循环这三个过程，以达到健康危险因素的控制和机体健康的水平。

三、健康管理的科学基础

健康管理的科学性建立在慢性病的两个特点上。健康和疾病的动态平衡关系以及疾病的发生、发展过程及干预策略是健康管理的科学基础之一。

机体从健康到疾病要经历一个完整的发生、发展过程。这个过程一般从低危险状态到高危险状态，再到发生早期改变，最后出现临床症状。疾病被诊断之前，若为急性传染病，这一过程可以很短；若为慢性病，则过程相对较长，往往需要几年、十几年，甚至几十年。在这期间的健康状况往往不被轻易察觉，各阶段之间也并无界限。如果在被确诊为疾病之前进行有针对性的干预，则有可能成功地阻断、延缓，甚至逆转疾病的发生和发展，从而达到维护健康的目的。

在慢性病的危险因素中，大部分属于可改变因素，这为健康风险的控制提供了第二个重要的科学基础。WHO 指出，高血压、高血脂、超重肥胖、体力活动不足、蔬菜水果摄入不足以及吸烟，都是引起慢性病的重要危险因素。由这些因素导致的慢性病目前难以治愈，但其危险因素本身是可以预防和控制的。因此，健康管理即要对这些危险因素进行早期发现、早期评估和早期干预，以达到维护健康的目的。

四、健康管理的基本策略

健康管理的基本策略是通过加快评估和控制健康风险，达到维护健康的目的。在健康信息采集、健康风险评估和健康危险干预三部分中，前两者旨在提供有针对性的个性化健康信息，来调动个体降低自身健康风险的积极性，而健康危险干预则是根据循证医学的研究结果指导个体维护自己的健康，降低已经存在的健康风险。研究发现，冠心病、脑卒中、糖尿病、肿瘤及慢性呼吸系统疾病等常见的慢性非传染性疾病都与吸烟、饮酒、不健康饮食、身体活动不足等几种健康危险因素有关。慢性病往往是"一因多果、一果多因、多因多果、互为因果"。目前，各种危险因素之间与慢性病之间的内在关系已经基本明确。慢性病的发生、发展一般有从正常健康人→低危人群→高危人群（亚临床状态）→疾病→并发症的自然规律。从任何一个阶段实施干预，都将产生明显的健康效果，干预越早，效果越好。

健康管理的基本策略有六种：生活方式管理、需求管理、疾病管理、灾难性病伤管理、残疾管理和综合的人群健康管理。

（一）生活方式管理

生活方式管理是健康管理的最基本策略之一，其核心是要帮助个体选择最佳的、有利于身心健康的行为，减少健康风险因素的影响。国内外关于生活方式影响或改变人们健康状况的研究已有很多。研究发现，即使对于那些正在服用降压和降胆固醇药物的男性来说，健康的生活方式也能明显降低他们患心脏疾病的风险。

（二）需求管理

健康管理所采用的另一个常用策略是需求管理。需求管理策略理念是：如果人们在和自己有关的医疗保健决策中扮演着积极作用，服务效果会更好。需求管理实质上是通过帮助健康消费者维护自身健康和寻求恰当的健康服务，控制医疗成本，促进健康服务的合理利用。需求管理的目标是减少昂贵的、临床并非必需的医疗服务，有效改善人群的健康状况。需求管理常用的手段包括寻找手术的替代疗法、帮助病人减少特定的危险因素并采取健康的生活方式、鼓励自我保健和早期干预等。

（三）疾病管理

疾病管理是健康管理的又一主要策略。疾病管理的定义是："疾病管理是一个协调医疗保健干预和与病人沟通的系统，它强调病人自我保健的重要性。疾病管理支撑医患关系和保健计划，强调运用循证医学和增强个人能力的策略来预防疾病的恶化，它以持续性地改善个体或群体健康为基准来评估临床、人文和经济方面的效果。"疾病管理包含人群识别、循证医学的指导、医生与服务提供者协调运作、病人自我管理教育、过程与结果的预测和管理，以及定期的报告和反馈。疾病管理是以循证医学为基础，有组织地、主动地通过多种途径和方法，为个体或人群中患有各种特定疾病的患者提供卫生保健服务，主要是在整个医疗服务系统中为患者协调医疗资源，指导患者自我管理和监测，对疾病控制诊疗过程采取综合干预措施，使疾病得到全面、连续性的医治和提高患者的生活质量。疾病管理具有3个主要特点：

①目标人群是患有特定疾病的个体。如糖尿病管理项目的管理对象为已诊断患有Ⅰ型或Ⅱ型糖尿病病人。

②不以单个病例或单次就诊事件为中心，而是关注个体或群体连续性的健康状况与生活质量，这也是疾病管理与传统单个病例管理的区别。

③医疗卫生服务及干预措施的综合协调至关重要。疾病本身使得疾病管理关注健康状况的持续性改善过程，要求积极、有效地协调来自多个服务提供者的医疗卫生服务与干预措施，而大多数国家卫生服务系统具有多样性和复杂性，要协调来自多个服务提供者的医疗卫生服务与干预措施的一致性与有效性特别艰难。正因为协调困难，也显示了疾病管理协调的重要性。

疾病管理的目的是提高患者的健康状况、减少不必要的医疗费用。它重视疾病发生、发展的全过程，包括制定疾病管理的总目标和阶段性目标，充分了解疾病的保健方法和实践方式，制定执行个体化、有针对性的保健计划，为被管理者汇总连续性疾病的诊疗档案，协调医疗保健服务，指导和跟踪治疗的执行情况，建立非传染性慢性疾病管理档案，指导和促进患者自我管理和监测，提高患者自我管理能力、依从性和患者的行为矫正能力。

(四) 灾难性病伤管理

灾难性病伤管理是疾病管理的一个特殊类型，它关注的是"灾难性"的疾病或伤害。这里的"灾难性"是指对健康危害十分严重，也可指其造成的医疗卫生花费巨大，常见于肿瘤、肾衰竭、器官移植、严重外伤等情形。灾难性病伤所具有的一些特点，如发生率低，需要长期复杂的医疗卫生服务，服务的可及性受家庭、经济、保险等各方面的影响较大，决定了灾难性病伤管理的复杂性和艰难性。

一般来说，优秀的灾难性病伤管理项目具有以下特征：

①转诊及时；

②综合考虑各方面因素，制定出适宜的医疗服务计划；

③具备一支包含多种医学专科及综合业务能力的服务队伍，能够有效应对可能出现的多种医疗服务需要；

④最大限度地帮助病人进行自我管理；

⑤尽可能使患者及其家人满意。

（五）残疾管理

残疾管理的目的是减少工作地点发生残疾事故的频率和费用，残疾管理的关键是预防伤残的发生。

残疾是指造成不能正常生活、工作和学习的身体上和（或）精神上的功能缺陷，包括程度不同的肢体残缺、感知觉障碍、生活障碍、内脏器官功能不全、精神情绪和行为异常、智能缺陷，可分为残损、残疾和残障三个独立的类别。从雇主的角度出发，根据伤残程度分别处理，希望尽量减少因残疾造成的劳动和生活能力下降。对于雇主来说，残疾的真正代价包括失去生产力所造成的损失。生产力损失的计算是以全部替代职员的所有花费来估算的，必须用这些职工替代那些由于残疾而缺勤的员工。

造成残疾的原因包括医学因素和非医学因素。

1. 医学因素

①疾病或损伤的严重程度；

②个人选择的治疗方案；

③康复过程；

④疾病或损伤的发现和治疗时期（早、中、晚）；

⑤接受有效治疗的容易程度；

⑥药物治疗还是手术治疗；

⑦年龄影响治愈和康复需要的时间，也影响返回工作的可能性（年龄大的时间更长）；

⑧并发症的存在，依赖于疾病或损伤的性质；

⑨药物效应，特别是副作用（如镇静剂）。

2. 非医学因素

①社会心理问题；

②职业因素；

③人际关系；

④工作压力、工作强度；

⑤工作满意度；

⑥工作政策和程序；

⑦及时报告和管理受伤、事故、旷工和残疾的情况；

⑧诉讼；

⑨心理因素，包括压抑和焦虑；

⑩信息通道流畅性。

因此，残疾管理的具体目标包括：

①防止残疾恶化，避免并发症；

②注重功能性能力；

③设定实际康复和返工的期望值；

④详细说明限制事项和可行事项；

⑤评估医学和社会心理学因素；

⑥与病人和雇主进行有效沟通；

⑦有需要时要考虑复职情况；

⑧实行循环管理。

（六）综合的人群健康管理

综合的人群健康管理是通过协调上述不同的健康管理策略来对个体提供更为全面的健康管理。人群健康管理成功的关键在于系统性收集健康状况、健康风险、疾病严重程度等方面的信息，以及评估这些信息和临床及经济拮据的关联，以确定健康、伤残、疾病、并发症、返回工作岗位或恢复正常功能的可能性。

第二节　营养与健康

一、营养缺乏与营养过剩

（一）营养缺乏病的概念

营养缺乏病是指由于长期严重缺乏一种或多种营养素而造成机体出现各种相应的临床表现或病症，如地方性甲状腺肿大、维生素 C 缺乏病、缺铁性贫血、干眼症等，分别是由于碘、维生素 C、铁、维生素 A 等摄入不足而造成的。近年来，由于营养素功能的检查日趋完善，各种亚临床的营养缺乏病也受到高度重视。

营养缺乏病的病因可分为原发性和继发性两种：原发性病因即单纯营养素摄入不足，可以是综合性的各种营养素摄入不足，也可以是个别营养素摄入不足，但前者多见；继发性病因即由于其他疾病而引起的营养素不足，除摄入不足外，还受消化、吸收、利用、需要量等多种因素影响。

营养缺乏病的原因是多方面的，包括食物因素和非食物因素。诸如，社会经济、文化、环境等非食物因素均可导致营养缺乏病的发生。营养不良或营养缺乏病可影响儿童和青少年的生长发育，影响人类的智力、行为、学习、工作能力等，而较好的营养状况则能促进儿童和青少年的生长发育，增强人体体质并能有效地提高劳动生产率等。

(二) 营养缺乏病的原因

营养缺乏病的原因是多方面的，其实质是膳食营养素的供给和组织需要之间的不平衡。许多营养缺乏病是由于膳食中长时间缺乏人体所需要的营养物质，从而对人体的体质或智力造成多种不可逆的损害。

1. 食物供给不足

一些灾难性事件如旱灾、水灾、战争、地震和社会动乱等，都会阻碍农业的发展，造成食物短缺。此外，在一些发展中国家，人口众多、土地减少、经济落后等原因，也可造成食物的生产和供应不足。

2. 食物中营养素缺乏

在食品供应量充足的情况下，天然食物或加工食品中某些营养素的缺乏或不足，以及饮食习惯和方式的不科学等因素也可引起营养缺乏病。

(1) 天然食物中某些营养素的缺乏

并不是每种天然食物中都有均衡的营养素，如香蕉、甘薯、木薯等，长期单纯摄入这些食物会造成某些营养素如优质蛋白质、脂溶性维生素等摄入不足，引起各种营养缺乏病。另外，食物中矿物质含量与土壤中相应元素的含量有关，缺乏某种矿物质的土壤所种植的作物能引起相应矿物质的营养缺乏病。

(2) 饮食方式不科学

随着人们经济水平的提高，营养缺乏病发生的原因不再局限于食物的贫乏，而更多地表现为营养知识缺乏导致的一系列不良饮食方式，从而引起营养缺乏病的发生。

①食物搭配不均衡。有些经济条件较好的人，他们每天仅吃一些动物类或高能量的食物，如肉类、牛奶、面包、咖啡和含酒精的饮料，那么就会因为缺乏新鲜蔬菜和水果而患上维生素 C 缺乏症。因此，营养缺乏病的患者并不一定局限于经济条件不佳的人。另外，禁食和忌食某些食物或从小养成不良的偏食习惯，如不吃鸡蛋、鱼、肉、胡萝卜、葱等均会减少一些营养素来源而引起营养缺乏病。

②过度食用精制食品。精制白糖和精白米面的矿物质、维生素的含量比未精制的糖和面粉含量少。米面过度的加工，可使其中所含的硫胺素损失达90%，维生素 B_2、烟酸和铁的损失达 70% ~ 85%。这是因为这些营养物质集中分布于麸皮、米糠

与胚芽中，过度精细加工会使其大部分丢失。

③烹调过程中营养素的破坏和损失。在烹调过程中，由于温度过高，加热的时间过长，食物中的维生素 A、维生素 C、维生素 E 和维生素 B_1 容易遭到破坏。当水煮食物时，一些矿物质和水溶性维生素常常溶解于水中而流失，造成营养素的破坏或损失，于是人为导致了营养缺乏病的发生。

3. 营养素吸收利用障碍

一般健康个体对每一种营养素的吸收有一个正常的生理性吸收范围，脂肪、蛋白质、碳水化合物、碘、硒、钠、钾、维生素 C 和水的吸收率大于 90%，铁和铬的吸收率小于 10%。一些营养素的吸收也受个体营养状态及生理情况的影响，如果某种营养素缺乏时，机体吸收效率将提高，反之吸收效率降低，如铁、锌等；妇女在妊娠和哺乳期营养素的吸收比平时要大得多。

(1) 食物因素

食物因素可影响营养素的正常吸收。天然食物中存在干扰营养素吸收和利用的物质，如茶和咖啡中的多酚限制了铁的吸收；草酸限制了钙的吸收；纤维素限制了维生素和维生素 A 前体 β– 胡萝卜素的吸收；树脂限制了脂肪和脂溶性维生素的吸收等。营养素之间也存在相互拮抗的作用，如过量钙可以限制铁和锌的吸收，过量锌可以限制铜的吸收等。

(2) 胃肠道功能

胃、胰腺、胆道等部位的疾病或消化酶分泌的减少都会严重影响食物的消化，使脂肪、碳水化合物、肽和氨基酸以及维生素和无机盐无法吸收。

(3) 药物影响

药物可直接影响营养素的吸收利用，如磺胺类可对抗叶酸，并抑制其吸收；新霉素、秋水仙碱可造成绒毛的结构缺陷和酶的损害，使脂肪、乳糖、维生素 B_{12}、无机盐等吸收不良。

(4) 营养素需要量增加

在人体生长发育旺盛期及妊娠、哺乳等生理过程中，营养素需要量明显增加；高能量代谢如甲状腺功能亢进和慢性阻塞性肺病，对营养素的需要量增加；慢性消耗性疾病如结核病及某些肿瘤患者，对营养素的需要量增加。

(5) 营养素的破坏或丢失增加

营养素的破坏增加，可发生在消化道吸收前后。维生素 B_1 与维生素 C 在碱性溶液中不稳定，当胃酸缺乏或用碱性药物治疗时，可造成此类维生素的大量破坏。若将维生素 B_1 置于 pH 为 1.5 ~ 3.0 的胃液中，在 37℃ 下保温 16h，仍很稳定；但若服用抗酸剂，则维生素 B_1 可完全被破坏。在口服维生素 B_1 的同时，若给予碱性药物，则患者尿中维生素 B_1 的排出量也因破坏而减少。维生素 C 在 pH 为 7.95 的胃液中，3h 后有 65% 被破坏，因此胃酸不足的患者，虽然摄取大量的维生素 C，但仍有维生素 C 缺乏的症状发生。

营养素丢失的增加有时是机体多方面损害的结果。因外伤或身体其他部位的出血会增加铁的丢失，如胃和十二指肠溃疡、肿瘤、寄生虫、月经过多、分娩、肾外伤、血吸虫病等均加速了缺铁性贫血的发生。血液中红细胞的快速溶血（如药物介导、铜过量、损伤、发热、疟疾）导致的血红蛋白尿，是另一个经肾丢失铁的因素。

(三) 营养过剩

人类的膳食结构中谷及豆类食物、果蔬类食物和动物性食物的比例应为 5：2：1，即动物性食物与植物性食物比例为 1：7，在日常生活中受生活水平的影响导致这个比例过大或过小，都可能给人类健康带来危害，导致营养不良或营养过剩，引发各种相关疾病。

营养过剩主要是指热量过剩，即功能物质如糖、脂肪、蛋白质摄入过多，超过了分解的量，在体内以脂肪的形式储存，引起肥胖、高脂血症，诱发糖尿病、冠心病、高血压等。食盐长期摄入过多是诱发高血压的原因之一。有的人对于营养过剩的概念提出异议，他们认为营养过剩的说法是错误的，正确的说法应是营养不均衡。

二、营养与免疫

现代医学发现，某些疾病如肿瘤、病毒感染、自身免疫性疾病以及衰老等，都与机体的免疫功能异常有关。如何通过饮食来调节机体免疫功能平衡，达到强身延寿，是人们关心的问题。免疫调节是指在免疫应答过程中，各种免疫细胞和免疫分子相互促进和制约构成正副作用的网络结构，并在遗传基因控制下实现免疫系统对抗原的识别和应答。免疫应答最基本的生物学意义是识别"自己"与"非己"，从而清除体内的抗原性异物，以保持体内环境相对稳定。其特点包括：

①散布于全身各处；

②通过血液循环、淋巴循环和神经支配相互联系，形成既相互协作又相互制约的整体，使免疫应答在适度范围内发挥作用。

人体的免疫功能主要是由免疫系统来完成，免疫系统包括免疫细胞、免疫器官和免疫分子。凡参与免疫应答或与免疫应答有关的细胞统称为免疫细胞，主要有淋巴细胞（T 细胞、B 细胞、NK 细胞等）、浆细胞、抗原呈递细胞、单核细胞、粒细胞、肥大细胞等。免疫细胞构成免疫系统的核心部分，它们是参与特异性免疫应答的主要细胞，具有识别、捕获、加工、处理抗原的能力。免疫器官根据发生的早晚和功能的差异，可分为中枢免疫器官和外周免疫器官两部分。中枢免疫器官包括胸腺、骨髓及禽类的法氏囊；外周免疫器官包括淋巴结、脾脏及一些淋巴组织。免疫分子则由补体、免疫球蛋白、干扰素、白细胞介素、肿瘤坏死因子等细胞因子组成。

营养状况的好坏直接影响体内以上这些器官的结构及机能的发挥。因为无论是上皮细胞、黏膜细胞、血中白细胞、胸腺、肝、脾，还是血清中的抗体，都是由蛋白质和其他各种营养素构成的，是人体免疫功能的物质基础。

（一）蛋白质与免疫功能

蛋白质是机体免疫防御功能的物质基础，营养不良最典型的是蛋白质—热能营养不良（Protein Energy Malnutrition, PEM），PEM患者极易发生感染，特别是细菌、病毒的感染，主要由于患者的免疫功能受到显著抑制，具体表现为T细胞明显减少，巨噬细胞、中性粒细胞对病原体的杀伤能力减弱，同时营养不良还导致体内组织和器官萎缩而丧失其机能。

1. 免疫器官

蛋白质—热能营养不良明显影响胸腺及外周淋巴器官的正常结构，且这种损伤是不可逆的，一旦其结构受损，功能恢复极为缓慢。

2. 细胞免疫

蛋白质营养不良时主要影响T淋巴细胞的数量和功能，外周血中T淋巴细胞总数显著减少，对抗原诱导的增殖反应降低。

3. 体液免疫

蛋白质营养不良时，上皮及黏膜组织分泌液中分泌型免疫球蛋白A（SIgA）显著减少，溶菌酶水平下降，使其组织抵抗能力降低，甚至导致感染扩散。

（二）脂类对免疫功能的影响

目前的研究认为，适量的脂肪摄入量对人体增强免疫功能有益，动物实验表明，脂肪摄入过少或过多都会使其受感染的患病率增高。此外，血浆胆固醇浓度增高，使机体细胞膜上胆固醇合成受阻，进而抑制淋巴细胞增殖，而且巨噬细胞的吞噬功能和细胞内清除抗原的能力也会因高胆固醇血症而降低。

（三）维生素与免疫功能

维生素或微量元素缺乏往往与营养不良并存，目前已经知道某些维生素、微量元素缺乏对免疫功能造成不利的影响。

1.维生素 A

维生素 A 及衍生物作为一类营养素，从多方面影响免疫系统的功能。当维生素 A 缺乏时，皮肤、黏膜局部免疫力降低，淋巴器官萎缩，NK 细胞活性降低，细胞免疫功能下降，使机体对细菌、病毒、寄生虫等抗原成分产生的特异性抗体明显减少。

2.维生素 E

研究表明，维生素 E 在一定剂量范围内能促进免疫器官的发育和免疫细胞的分化，具有提高机体细胞免疫和体液免疫的功能。

3.维生素 C

维生素 C 能提高吞噬细胞的活性、参与免疫球蛋白的合成，促进淋巴细胞生成和免疫因子的产生。维生素 C 缺乏会使免疫功能降低。

4.维生素 B_6

维生素 B_6 缺乏会损害 DNA 的合成，进而损害细胞和体液免疫功能，给予适宜的维生素 B_6，对维护免疫功能非常重要。

(四) 含提高免疫力的维生素、微量元素较多的食物

①同时含铁、锌较多的食物：肝、鱼、豆类、肉类等。

②含维生素 C 较多的食物：枣、猕猴桃、草莓、柑橘、柿子、花菜、苋菜等。

③含维生素 A 较多的食物：肝、鱼肝油、鱼卵、全奶、奶油、蛋类、菠菜、空心菜、胡萝卜、杞果、杏子等。

④含胡萝卜素 (可转变为维生素 A) 较多的食物：胡萝卜、南瓜、苋菜、杞果、柑橘等。

⑤苹果、洋葱、甘蓝、西红柿等含有生物类黄酮，为天然抗氧化剂，能维持微血管的正常功能，保护维生素 C、维生素 A、维生素 E 等不被氧化破坏。

三、营养与代谢性疾病

(一) 营养与肥胖

肥胖不是一种状态，而是一种疾病。指人体内脂肪积累过多，导致体重过重的病症。虽然肥胖表现为体重超过标准体重，但超重并不一定都是肥胖。机体肌肉组织和骨骼如果特别发达，重量增加也可使体重超过标准体重，但这种情况并不多见。肥胖特点：机体脂肪和脂肪组织过多，超过正常生理需要，有害于身体，表现为易疲劳，不能耐受较重的体力劳动；易患高血压、糖尿病、冠心病等心脑血管疾病。

针对肥胖的定义，目前已建立了许多诊断或判定肥胖的标准和方法，常用的方

法有三大类：人体测量法、物理测量法和化学测量法。其中人体测量法应用最多，常用的指标有身高标准体重法、皮褶厚度和体质指数。

1. 肥胖的发生机制、影响因素及分类

（1）肥胖发生的内因

肥胖发生的内因主要是指肥胖发生的遗传生物学基础。遗传因素表现在两个方面，一是遗传因素起决定性作用（15号染色体有缺陷），从而导致一种罕见的畸形肥胖；二是遗传物质与环境因素相互作用而导致肥胖。肥胖在某些家族中特别容易出现，60%～80%的严重肥胖者均有家族发病史。

（2）肥胖发生的外因

社会因素、饮食因素和行为心理因素是造成肥胖的原因。

①饮食因素。身体摄入的热能大于消耗的热能，多余的能量就转化为脂肪储存起来，使体脂增加。人们的饮食习惯和膳食组成对体脂的消长有影响，晚餐过于丰富，而且进食量过多的人，易发胖。

②体力活动。体力活动是决定能量消耗的重要因素，也是抑制机体脂肪积聚的一种最强有力的"制动器"。肥胖现象很少发生在重体力劳动者和经常参加体育活动的人群中。进食量和体力活动是影响体内脂肪消长的两个主要因素。

③内分泌因素。激素参与调节机体生理机能和物质代谢。如果内分泌腺机能失调，或乱用激素将引起脂肪代谢异常，使脂肪堆积，出现肥胖。

（3）肥胖的分类

肥胖按发生的原因分为遗传性肥胖、继发性肥胖和单纯性肥胖三大类。

2. 肥胖对健康的危害

（1）肥胖对儿童健康的危害

肥胖症对儿童的身心健康带来了许多不良的影响，比如：

①对心血管系统的影响，肥胖导致儿童血脂浓度增加、血压增高。

②对呼吸系统的影响，肥胖症导致混合型肺功能障碍。

③对内分泌系统与免疫系统的影响。

④对体力智力、生长发育的影响。

（2）肥胖对成年人健康的危害

肥胖是引起高血压、糖尿病患病率增加的重要危险因素。一些研究还证明，肥胖与胆囊病有关。极度肥胖者肺功能可能异常，而且肥胖者的内分泌和代谢会发生异常。

（二）营养与心血管疾病

心血管疾病是危害人类健康、造成死亡的重要原因之一。它主要包括动脉粥样硬化、冠心病、高血压，造成的疾病种类繁多、病因复杂，与营养关系密切。

1. 心血管疾病的病因

（1）动脉粥样硬化

除了年龄、性别和遗传因素外，与营养因素关系密切。

①脂质和脂蛋白代谢异常是导致动脉粥样硬化的主要原因。

②高胆固醇血症、高甘油三酯血症与发病有关。血浆低密度脂蛋白（LDL）、极低密度脂蛋白（VLDL）升高，对动脉有侵蚀作用，易于沉积在血管壁上形成脂斑，诱发动脉粥样硬化。

③血浆脂蛋白。血浆脂类是与某些蛋白质结合成脂蛋白大分子的形式存在于血液中。用离心法将脂蛋白分为乳糜微粒、极低密度脂蛋白、低密度脂蛋白和高密度脂蛋白，它们是脂类在血中运输的功能单位。高密度脂蛋白的浓度与发生动脉粥样硬化的危险性之间呈负相关。

（2）冠心病

冠心病是冠状动脉粥样硬化性心脏病的简称。

①病人血脂高，脂质代谢紊乱导致冠状动脉硬化，管腔变小、狭窄，心脏供血不足，造成心肌缺血、坏死，引起心绞痛、心肌梗死。

②由于冠状动脉硬化，使心肌的血液供应长期受到阻碍，引起心肌萎缩、变性、纤维组织增生，出现心肌纤维化或硬化。

（3）高血压

高血压分为原发性和继发性两种。

①继发性高血压是由某种病因引起的。

②绝大多数（90%以上）的高血压为原发性高血压，其病因与遗传、年龄、营养和环境有关。

③高热能、高盐是导致高血压的营养因素。

值得注意的是，动脉粥样硬化和高血压、糖尿病等疾病常常互为因果关系。

①食物通过影响血浆脂类和动脉壁成分，直接作用于动脉粥样硬化发生、发展的不同环节。当动脉硬化病变累及冠状动脉、脑动脉，可引起心绞痛、心肌梗死、脑缺血、脑血栓或血管破裂出血。

②食物也通过影响高血压、糖尿病以及其他内分泌代谢失常，间接导致动脉硬化及其并发症的发生。

2. 膳食脂类与动脉粥样硬化

大量流行病学研究表明，膳食脂肪摄入总量与动脉粥样硬化的发病率呈正相关关系。其中，脂肪酸的组成不同对血脂水平的影响不同。饱和脂肪酸可升高血胆固醇水平；长链脂肪酸有使血脂升高的作用；单不饱和脂肪酸，能降低血清总胆固醇和低密度脂蛋白，且不降低高密度脂蛋白；而多不饱和脂肪酸，特别是 n-3 系列中的不饱和脂肪酸 EPA（C20∶5）和 DHA（C22∶6），具有降低甘油三酯、胆固醇和增加高密度脂蛋白的作用。反式脂肪酸不仅与饱和脂肪酸一样能增加低密度脂蛋白，同时还能引起高密度脂蛋白降低。

流行病学和动物实验都观察到膳食胆固醇可影响血液中胆固醇水平，并增加心脑血管疾病发生的危险。

磷脂有利于胆固醇的代谢，使血液中胆固醇浓度减少，降低血液的黏稠度，避免胆固醇在血管壁沉积，有利于防治动脉粥样硬化。

3. 膳食热能、碳水化合物与动脉粥样硬化

当人体长期摄入的热能超过消耗时，多余的热量就会转化为脂肪组织，形成肥胖。肥胖者冠心病、糖尿病和高血压的发病率均较正常人高。

膳食中碳水化合物摄入过多，除引起肥胖外，还可直接诱发高脂血症。

4. 膳食蛋白质与动脉粥样硬化

动物实验证明，动物性蛋白质升高血胆固醇的作用比植物性蛋白质明显。而植物大豆蛋白则有明显降低血脂的作用。

5. 维生素与动脉粥样硬化

维生素 E 能降低血浆低密度脂蛋白的含量，增加高密度脂蛋白水平，具有防治心血管疾病的作用。

维生素 C 参与胆固醇代谢中形成胆酸的羟化反应，使血液中胆固醇水平降低。

维生素 B_6、叶酸、维生素 B_{12}、泛酸、维生素 A 和胡萝卜素等，在抑制体内脂质过氧化、降低血脂水平方面都具有一定的作用。

6. 膳食纤维与动脉粥样硬化

膳食纤维的摄入量与冠心病的发病率和死亡率呈显著负相关关系。

7. 无机盐、微量元素与动脉粥样硬化

（1）镁和钙

镁具有降低血胆固醇、增加冠状动脉血流量和保护心肌细胞完整的功能。动物缺钙可引起血胆固醇和甘油三酯升高。

（2）钴和硒

钴和硒是人体葡萄糖耐量因子的组成成分，缺乏可引起糖代谢和脂肪代谢紊乱、血清胆固醇增加、动脉受损。缺硒会引起心肌损害，促进冠心病的发展。

（3）钠

钠被认为与高血压的发病有关，高血压是动脉粥样硬化的危险因素之一。

8. 其他因素

大量饮酒可引起高甘油三酯血症。饮茶有降低胆固醇在动脉壁沉积、抑制血小板凝集的作用。大蒜和洋葱有降低血胆固醇水平、提高高密度脂蛋白的作用。香菇和木耳都有降低血胆固醇的作用。

9. 膳食调整和控制原则

（1）心血管疾病的防治

心血管疾病与营养密切相关。因此，合理饮食可以避免和减轻心血管疾病的发生和发展。总的原则是：

①降低热能的供应，防止肥胖，减轻心脏负担。

②避免进食可以增加血压、助长动脉硬化以及加重水、钠潴留的食品（如动物内脏、蛋黄、蟹黄、肥肉等）。

（2）冠心病的饮食防治

①控制热能，维持正常体重。

②控制脂肪和胆固醇，脂肪应控制在总热能的 25% 以下，且以含不饱和脂肪酸多的植物油为主。

③调整膳食中蛋白质的构成，适当降低动物蛋白摄入量，提高植物蛋白摄入量。

④供给充足的维生素和无机盐。

⑤保证膳食纤维的供给，减少精制糖的摄入。

（3）高血压疾病的防治

①控制热能，降低体重。

②限制脂类物质的摄入。

③限钠补钾。

④补充足量的维生素 C。

⑤限制刺激性的食物。

⑥戒烟、禁酒、适量饮茶。

⑦积极参加体育锻炼。

四、营养与肿瘤

食物是人体联系外环境最直接、最经常、最大量的物质，也是机体内环境及代谢的物质基础。因此，研究膳食营养与癌症的关系在探讨癌症的病因、找出癌症防治措施方面占有极其重要的地位。

癌症是严重危害人类健康的常见疾病之一，癌症发病因素复杂，许多研究表明，环境因素可能是癌症发病的重要原因。其中饮食习惯不科学、营养素摄入不足或摄入过多、营养素间不平衡以及饮食中的添加剂和污染物等都是重要发病因素。

(一) 营养、食物与癌症的关系

1. 膳食因素在癌变过程中的作用

总的膳食质量决定体内营养状况，从而决定癌变过程的转归。

2. 饮食致癌的可能机制

①饮食中的致癌物或直接前体有可能引发癌变过程。

②促进内源性致癌物的产生。

③转运致癌物至其作用部位。

④通过其代谢作用改变了组织对致癌物的易感性。

⑤基因调控。

⑥膳食中缺乏抗癌成分。

⑦不良饮食习惯。

3. 饮食中的致癌因素

饮食结构不合理、食品污染等因素会导致癌症发生。

(1) 饮食结构不合理

①长期进食高蛋白、高脂肪、高精制糖及低纤维素膳食，使乳腺癌、结肠癌等癌症发生率及死亡率升高。

②长期食用以动物脂肪为主的膳食，引起内分泌紊乱，易引发子宫癌、睾丸癌、前列腺癌等。

③营养不良，特别是蛋白质摄入不足，热能偏低，使机体对致癌物的敏感性增加。

④蛋白质摄入过多，也可增加癌症的发病率。

总的来看，由食物结构不合理而造成的营养素比例失调是引起癌症的重要原因之一，应引起足够的重视。

(2) 食物污染

在食物的生产、加工、储存、运输和销售等各个环节中，因自然或人为各种因素污染的有害物质，其中有些是致癌物。

①粮食、蔬菜、水果在种植时使用了含砷或含氯的农药，有一定的致癌作用。

②食物加工过程中超标使用防腐剂 (亚硝胺)、甜味剂 (环胺类)、色素 (奶油黄、苏丹红)、香料等致癌物。

③食物储存不当，霉变产生霉菌毒素。

④食物在烹调加工过程中产生致癌物。

（3）不良饮食习惯

①进食速度过快、食量过大，容易破坏食道和胃肠黏膜，造成消化不良，甚至导致食管癌和胃癌发生。

②进食过烫食物，例如，喝太热的汤、水、茶，使食道黏膜遭受过热的损伤，引起食道癌。

③饮酒使肝癌、胃癌、食管癌的发病率增加。

④长期偏食，造成营养不良、免疫力低下诱发癌症。

4. 食物中的防癌、抗癌食品

蔬菜和水果因含丰富的维生素，是一类天然的防癌、抗癌食物。

（1）维生素 A

①维生素 A 和胡萝卜素的摄入量与肿瘤（肺癌、胃癌、食道癌、膀胱癌、结肠癌等）发病率呈负相关关系，作用机理是由于维生素 A 促进人体上皮细胞的正常生长，增强抵抗力，防止癌症发生。

②增加癌细胞溶酶体的脆性，使溶酶体内水解酶释放进入胞浆，促进癌细胞死亡。

③增强免疫反应，即增强对癌症的抵抗力，降低癌症的发生率。

（2）维生素 C

食管癌、胃癌高发区居民维生素 C 摄入量不足。维生素 C 的作用有：

①阻断亚硝胺的生成；

②维持细胞间基质透明质酸的完整性，透明质酸是阻碍癌细胞突破周围组织的一道屏障，防止癌细胞向周围组织浸润转移；

③提高机体免疫力。

（3）维生素 E

①抗氧化作用，保护维生素 A，使其免受氧的破坏。

②消除自由基，保护细胞正常分化。自由基作用于核酸、蛋白质、不饱和脂肪酸等，使细胞癌变。

③具有阻断致癌物亚硝基化合物生成的作用。

5. 食物与癌

（1）大豆与癌

大豆摄入量与乳腺癌、胰腺癌、结肠癌等许多癌症的发病率呈负相关关系。

（2）茶叶与癌

茶叶尤其是绿茶，对癌症具有一定的化学预防作用。

（3）蔬菜、水果与癌

动物试验和体外试验研究结果表明，摄入蔬菜和水果与上皮癌，特别是消化道和呼吸道癌症的危险性呈负相关关系。如十字花科蔬菜、葱属、蘑菇、绿叶蔬菜和水果等。

（4）动物性食物与癌

含有大量红肉（指牛、羊、猪肉）、蛋类和乳及乳制品的膳食，有可能增加某些癌症发生的危险性。

（5）酒精与癌

酒精可增加口咽部、喉部、食管和肝癌的危险性。

（二）防癌的膳食建议

癌症的膳食建议，其内容包括食物多样，减少总脂肪、盐的摄入，保持体力活动，维持适宜体重共14条。

1. 饮食安排

每天合理多样化饮食，以植物性食物为主，如蔬菜、水果、豆类等。

2. 维持适宜体重

成人适宜体质指数（BMI）为18.5～25，避免体重过低或超重。成年期增重在5kg以下。

3. 体力活动

如工作很少活动或轻度活动，每天应有1h快走或类似的运动，每周保证至少1h出汗的剧烈运动。

4. 蔬菜和水果

全年要吃各种蔬菜和水果，每天要吃400～800g，不包括薯类、根茎类和香蕉。

5. 其他植物性食物

每天吃富含淀粉和蛋白质的植物性食物600～800g，如谷类、豆类、香蕉、根茎类和薯类食物，最好吃粗加工的食物，限制精糖的摄入。

6. 饮酒和吸烟

建议不饮酒，反对过量饮酒。即使饮酒，要限制男性一天不超两份，女性不超过一份。一定要戒烟，不要吸烟，不要嚼香烟。

7. 肉类食物

如果喜欢吃肉，瘦肉摄入量每天应低于90克，多吃鱼、家禽或以野生动物来代替瘦肉。

8. 脂肪和油

限制高脂食物，特别是动物内脏的摄入，多食植物油并节制用量。

9. 盐和腌制食物

成人每天食盐量少于 6 克，限制腌制食物的摄入及烹饪调味用盐，使用的调味品和中草药、香料进行季节性食品保存。

10. 妥善储藏

不吃常温下储存时间过长、可能受到真菌毒素污染的食物，保存食品应避免霉变。

11. 保质保鲜

使用家用冰箱和其他恰当的方法保存易腐烂食物，吃不完的食品最好冷冻保存。

12. 添加剂及残留物

当食物中的添加剂、污染物和其他残留物都被适当控制时，它们在食物或饮料中存在是无害的。但是，乱用或使用不当可能会影响健康，这在发展中国家尤为常见。

13. 烹调方法

不吃烧焦的食物，烤鱼、烤肉时避免肉汁燃烧。直接在火上烤的鱼和肉、熏肉只能偶尔食用。

14. 营养补品

对于大多数人来说，服营养补品对减少癌症的危险性没什么帮助。

第六章　健康教育与健康促进

第一节　生活方式指导

一、健康教育的含义

健康教育的核心是教育人们树立健康意识、促使人们改变不健康的行为生活方式、养成良好的行为生活习惯，以减少或消除影响健康的危险因素。通过健康教育，帮助人们了解哪些行为影响健康，并能自觉地选择有益于健康的行为生活方式。健康教育已被各国及地区政府、卫生部门和医学界作为改善和管理健康状况的主要手段。

世界各国的健康教育实践经验表明，行为改变是长期、复杂的过程，许多不良行为生活方式仅凭个人的主观愿望仍无法改变，要改变行为必须依赖支持性的健康政策、环境、卫生服务等相关因素。单纯的健康教育理论在许多方面已经满足不了社会进步与健康发展的新需要。在这种情况下，健康促进开始迅速发展。

健康教育计划设计的原则：目标性原则，必须有明确的总体目标和切实可行的具体目标，保证以最小的投入取得最大的成功；前瞻性原则，计划的制定和执行要考虑长远的发展和要求；蜂性原则，要预计到实施过程中可能发生的变故，制定应急预案，以确保计划顺利实施；参与性原则，在制定过程中要求被教育对象也要积极参与。

二、健康促进的含义

世界卫生组织给健康促进做如下定义："健康促进是促进人们维护和提高自身健康的过程，是协调人类与环境之间的战略，规定个人与社会对健康各自所负的责任。"健康促进是指一切能促使行为和生活条件向有益于健康改变的教育与环境支持的综合体。其中，环境包括社会环境、政治环境、经济环境和自然环境，而支持即指政策、立法、财政、组织、社会开发等各个系统。健康促进是指个人与家庭、社区和国家一起采取措施，鼓励健康的行为，增强人们改进和处理自身健康问题的能力。健康促进的基本内涵包含了个人和群体行为改变，以及政府行为（社会环境）改变两个方面，并重视发挥个人、家庭、社会的健康潜能。

健康促进涉及五个主要活动领域：

(一) 建立促进健康的公共政策

健康促进的含义已超出卫生保健的范畴，各个部门、各级政府和组织的决策者都要把健康问题提到议事日程上。明确要求非卫生部门建立和实行健康促进政策，其目的就是使人们更容易做出有利健康的抉择。

(二) 创造健康支持环境

健康促进必须为人们创造安全、满意、愉快的生活和工作环境。系统地评估快速变化的环境对健康的影响，以保证社会和自然环境有利于健康的发展。

(三) 增强社区的能力

确定问题和需求是社区能力建设最佳的起点。社区人民有权、有能力决定他们需要什么，以及如何实现其目标。因此，提高社区人民生活质量的真正力量是他们自己。充分发动社区力量，积极有效地参与卫生保健计划的制定和执行，挖掘社区资源，帮助他们认识自己的健康问题，并提出解决问题的办法。

(四) 发展个人技能

通过提供健康信息，教育并帮助人们提高做出健康选择的技能，来支持个人和社会的发展。这样，人们能够更好地控制自己的健康和环境，不断地从生活中学习健康知识，有准备地应对各个阶段可能出现的健康问题，并很好地应对慢性病和外伤。学校、家庭、工作单位和社区都要帮助人们做到这一点。

(五) 调整卫生服务方向

健康促进中的卫生服务责任由个人、社会团体、卫生专业人员、卫生部门、工商机构和政府等共同分担。他们必须共同努力建立一个有助于健康的卫生保健系统。同时，调整卫生服务类型与方向，将健康促进和预防作为提供卫生服务模式的组成部分，让最广大的人群受益。

三、生活方式指导

生活方式是指在一定环境条件下所形成的生活意识和生活行为习惯的总称。不良生活方式包括不合理的饮食、缺少锻炼、精神紧张、生活不规律等。我国常见慢性疾病如冠心病、脑卒中、糖尿病等都与吸烟、饮酒过量、不健康的饮食、体力活动不足、长期疲劳等生活方式有关，因此生活方式的指导是预防管理慢性病和管理健康的基本内容，它的核心是饮食指导。

基于上述原则，营养指导的原则可以分为以下几点：

（一）食物多样化，以谷类为主

食物多样化是平衡膳食模式的基本原则。谷物为主是平衡膳食的基础，谷类食物含有丰富的碳水化合物，它是提供人体所需能量最经济、最重要的食物来源。每天的膳食应包括谷薯类、蔬菜水果类、畜禽鱼蛋奶类、大豆坚果类等食物。平均每天摄入 12 种以上食物，每周 25 种以上。每天摄入谷薯类食物 250～400g，其中全谷物和杂豆类 50～150g，薯类 50～100g。全谷物富含 B 族维生素、脂肪酸，营养更丰富。食物多样、谷类为主是平衡膳食模式的重要特征。每种食物都有不同的营养特点，只有食物多样，才能满足平衡膳食模式的需要。

（二）多吃蔬菜、水果、奶类、大豆

食物与人体健康关系的研究发现，蔬菜水果的摄入不足，是世界各国居民死亡前十大高危因素之一。蔬菜和水果富含维生素、矿物质、膳食纤维，且能量低，对满足人体微量营养素的需要、保持人体肠道正常功能以及降低慢性病的发生风险等具有重要作用。蔬果中还含有各种植物化合物、有机酸、芳香物质和色素等成分，能够增进食欲、帮助消化、促进人体健康。蔬菜水果摄入可降低脑卒中和冠心病的发病风险，以及心血管疾病的死亡风险，降低胃肠道癌症、糖尿病等的发病风险。

奶类富含钙，是优质蛋白质和 B 族维生素的良好来源；奶类品种繁多，液态奶、酸奶、奶酪和奶粉等都可选用。我国居民长期钙摄入不足，每天摄入 300g 奶或一定量乳制品可以较好地补充不足。增加奶类摄入有利于少年儿童生长发育，促进成人骨骼健康。

大豆富含优质蛋白质、必需脂肪酸、维生素 E，并含有大豆异黄酮、植物固醇等多种植物化合物。

坚果富含脂类和多不饱和脂肪酸、蛋白质等营养素，是膳食的有益补充。

奶类和大豆类食物在改善城乡居民营养，特别是提高贫困地区居民的营养状况方面具有重要作用。在各国膳食指南中，蔬、果、奶、豆类食物都被作为优先推荐摄入的食物种类。

（三）选择优质蛋白质

鱼、禽、蛋和瘦肉含有丰富的蛋白质、脂类、维生素 A、B 族维生素、铁、锌等营养素，是平衡膳食的重要组成部分，是人体营养需要的重要来源。满足人体营养需要 20% 以上的营养素有蛋白质、维生素 A、维生素 B_2、烟酸、磷、铁、锌、硒、铜等，其中蛋白质、铁、硒、铜等达到 30% 以上。但是此类食物的脂肪含量普遍较高，有些含有较多饱和脂肪酸和胆固醇，摄入过多会增加肥胖、心血管疾病的发生风险，因此其摄入量不宜过多，应当适量摄入。

相比之下鱼类脂肪含量相对较低，且含有较多的不饱和脂肪酸，有些鱼类富含二十碳五烯酸（EPA）和二十二碳六烯酸（DHA），对预防血脂异常和心血管疾病等有一定作用，可首选。禽类脂肪含量也相对较低，其脂肪酸组成优于畜类脂肪，应先于畜肉选择。蛋黄是蛋类中维生素和矿物质的主要来源，尤其富含磷脂和胆碱，对健康十分有益，尽管胆固醇含量较高，但若不过量摄入，对人体健康不会产生影响，因此吃鸡蛋不要丢弃蛋黄。肥的畜肉，脂肪含量较多，能量密度高，摄入过多往往是肥胖、心血管疾病和某些肿瘤发生的危险因素，但瘦肉脂肪含量较低、矿物质含量丰富、利用率高，因此应选吃瘦肉、少吃肥肉。动物内脏如肝、肾等，含有丰富的脂溶性维生素、B 族维生素、铁、硒和锌等，适量摄入可弥补日常膳食的不足，可定期摄入，建议每月可食用动物内脏 2 ~ 3 次，每次 25g 左右。

（四）少盐少油，控糖限酒

培养清淡的饮食习惯，少吃高盐和油炸食品。中国营养学会建议健康成年人一天食盐（包括酱油和其他食物中的食盐量）的摄入量不超过 6g，烹调油 25 ~ 30g。减少食盐的量。一般 20mL 酱油中含有 3g 食盐，10g 蛋黄酱中含有 1.5g 食盐，如果菜肴需要用酱油和酱类，应按比例减少食盐用量。人类饮食离不开油，烹调油除了可以增加食物的风味，还是人体必需脂肪酸和维生素 E 的重要来源，并且有助于食物中脂溶性维生素的吸收和利用。但是过多脂肪摄入会增加慢性疾病发生的风险。动物油的饱和脂肪酸比例较高，植物油则以不饱和脂肪酸为主。不同植物油又各具特点，如橄榄油、茶油、菜籽油的单不饱和脂肪酸含量较高，玉米油、葵花籽油则富含亚油酸，胡麻油（亚麻籽油）中富含亚麻酸。因此，应经常更换烹调油的种类，食用植物油，减少动物油的用量。

（五）足量饮水

成年人每天 7 ~ 8 杯（1500 ~ 1700mL），提倡饮用白开水和茶水，不喝或少喝含糖饮料。在温和气候条件下，成年男性每日最少饮用1 700mL（约8.5杯）水，女性最少饮用1 500mL（约7.5杯）水。最好的饮水方式是少量多次，每次1杯（200mL），不鼓励一次大量饮水，尤其是在进餐前，大量饮水会冲淡胃液，影响食物的消化吸收。除了早、晚各1杯水外，在三餐前后可以饮用1~2杯水，分多次喝完；也可以饮用较淡的茶水替代一部分白开水，人体补充水分的最好方式是饮用白开水和淡茶水。此外，在炎热的夏天，饮水量也需要相应地增加。

儿童、少年、孕妇、乳母不应饮酒。成人如饮酒，男性一天饮用酒的酒精量不超过25g，女性不超过15g。换算成不同酒类，25g酒精相当于啤酒750mL、葡萄酒250mL、白酒75g或高度白酒50g。

(六) 选择新鲜卫生的食物和适宜的烹调方式也很重要

食物制备生熟分开、熟食二次加热要热透。选择当地、当季食物，能最大限度地保证食物的新鲜度和营养，对于肉类和家禽、蛋类，应确保熟透。购买预包装食品要看食品标签。食品标签通常标注了食品的生产日期、保质期、配料、质量（品质）等级等，这些信息告诉了消费者食物是否新鲜、产品地点、营养信息，另外要注意过敏食物及食物中的过敏原信息。

第二节　身体活动指导

身体活动又叫体力活动，是指由骨骼肌收缩导致能量消耗明显增加的各种身体活动。运动主要包括在日常生活中进行的各种身体活动和在日常活动的基础上增加的能产生健康效益的健身活动，而体力活动的范围大于运动，几乎涵盖了人体所有产生能量消耗的身体活动。体力活动包括休闲性体力活动和小休闲性体力活动（职业性、交通性、家务性）等。体力活动的分类：根据肌肉收缩的形式分为静力性运动和动力性运动；根据运动供能的代谢方式分为有氧运动和无氧运动；根据日常生活来源分为职业性体力活动、交通性体力活动、家务性体力活动、休闲性体力活动。其中，休闲性体力活动又分为竞技运动、娱乐性活动和体育锻炼。

运动锻炼是有计划、有组织、可重复的体力活动，是一种旨在促进或维持一种或多种体适能，或健康水平的体力活动。根据这一定义，运动锻炼可作为体力活动的下属概念，是体力活动的组成部分，但不是体力活动的全部。身体活动指导是对这些体力活动进行的指导、评估和反馈。

一、身体活动的强度

身体活动的强度与获得的健康益处存在明确的量效关系。身体活动的强度包括绝对强度和相对强度两种表示方法。绝对强度是指体力活动实际能量消耗率，通常以摄氧量、摄氧量的体重相对值及代谢当量表示。然而，由于绝对强度无法兼顾个体体适能水平或健康水平的差异，有时也使用相对强度来表示体力活动的强度水平。通常情况下，相对强度可用最大摄氧量百分比、摄氧量储备百分比、心率储备百分比、最大心率百分比、运动强度与运动自觉量表示。而对于力量性活动，相对强度通常以 1-RM 为参照进行标准化处理。

摄氧量是机体在单位时间内能够摄取并被利用的氧量，也称为耗氧量。在一定范围内，随着运动强度的增加，摄氧量和需氧量均成比例增加。

代谢当量（METs，为安静时人体平均耗氧量值）是一种有效、便捷、标准的描述多种体力活动强度的方法。一般认为，低强度体力活动< 3 METs，中等强度体力活动为 3 ~ 6METs，较大强度以上体力活动≥ 6 METs。

二、身体活动的强度分级

由于不同个体的身体活动水平和最大摄氧量存在个体差异，因此，当从事绝对强度相同的运动时，不同个体的相对运动强度可能不同，对机体造成的影响也会不同。例如，最大摄氧量通常随年龄增长而下降。当年龄较大和年龄较小的个体在同一代谢当量水平运动时，相对运动强度是不同的。换句话说，年龄较大者较年龄较小者相对运动强度更高。同时也可发现，年龄较大且体力活动活跃的个体，其有氧能力可优于静坐少动的年龄较小的个体。因此，在制定运动强度时，需要先明确运动者自身的身体活动能力水平。

随着年龄增长，人体各器官系统的机能及相应生理指标，如心肺功能、最大摄氧量和肌肉力量均发生变化。因此，针对不同的年龄人群体力活动绝对强度的等级划分应有所区别。

三、身体活动的运动量

运动量是由运动的频率、强度和时间 (持续时间) 共同决定的。运动量对促进健康 / 体适能的重要作用已被证实，它对身体成分和体重管理的重要性尤为突出。因此，可用运动量来估算运动处方的总能量消耗。运动量的标准单位可以用 MET-min/wk 和 kcal/wk 表示。

METs (代谢当量) 是运动时代谢率与安静时代谢率的比值，是表示能量消耗的指标。1METs 相当于安静、坐位时的能量代谢率，换算成耗氧量，1 METs ＝ 3.5mL·kg^{-1}·min^{-1}。

MET-min 也是衡量能量消耗的一个指标，它是对人们从事各种体力活动的总和进行标准的量化。计算方法是用一项或多项体力活动的 METs，乘以进行每项活动的时间（METs×min）。通常用每周或每天的 MET-min 来衡量运动量的大小。

千卡（kcal）指 1kg 水温度升高 1℃所需要的热量。用 METs 来计算 kcal/min 时，需要已知运动者的体重，即 kcal/min ＝ [METs×3.5mL·kg^{-1}·min^{-1}×体重（kg）÷1000]×5。通常用每周或每天活动所消耗的千卡作为衡量运动量的标准。

流行病学和随机临床试验的研究结果显示，运动量与健康／体适能收益之间存在量效关系（健康／体适能益处随着体力活动量的增加而增加）。虽然还不清楚是否存在获得健康／体适能益处的最大或最小运动量，但是总能量消耗不少于 500～1000 METs-min/wk 与更低的 CVD 发病率和死亡率密切相关。因此，推荐给大多数成年人的合理运动量是 500～1000 METs-min/wk。这一运动量大约相当于：

①每周消耗 1000kcal 的中等强度运动或体力活动（或每周 150 分钟）。

② 3～5.9 METs 运动强度（适用于体重大约是 68～91kg（150～200 lb）的个体）。

③ 10 METs-h/wk。

需要注意的是，较小的运动量（4kcal/kg 或 330kcal/wk）也可为某些个体带来健康／体适能益处，尤其是那些低体适能者。哪怕是更小的运动量也可能有益健康，所以目前无法指定最小推荐量。

计步器是一种促进体力活动的有效工具，并且可以通过每天行走的步数来估算运动量。人们经常提到"每天步行 10000 步"，但是每天步行 5400～7900 步就已经满足推荐量。为了达到每天 5400～7900 步的目标，人们可以考虑使用以下方法估算总运动量：

①以 100 步/min 的速度步行大约相当于中等强度的运动。

②每天走 1 英里相当于每天走了 2000 步。

③每天以中等强度步行 30min，相当于每天走 3000～4000 步。

如果运动者的目的是通过运动管理体重，那么需要走得更多。基于人群的研究显示，以维持正常体重为目的的男性运动者每天需要步行 11000～12000 步，女性需要 8000～12000 步。使用计步器估算运动量存在潜在的误差，因此最明智的做法是将步/min 与目前推荐的运动时间／持续时间结合使用。

四、身体活动能量消耗的测量方法

直接观察法是指调查人员通过观察，用表格或手提计算机设备记录调查对象的体力活动情况。观察者要记录观察对象的行为信息、活动类型、频率、活动时间。根据这些信息，对照各种活动的能量消耗量表，可以计算出观察对象在一段时间内的能量消耗。直接观察法得出的数据客观、可靠，所以是研究体质与健康、体育课程的完善与监督的一个重要方法。由于它限制了观察的时间和地点，所以观察的地点一般在学校（操场、体育馆）或家里，该方法比较适用于没有认知或准确回忆细节能力的学龄前儿童。同时由于系统的观察是对行为的直接测量，不需要进行推算和解释，但是这需要观察者一对一地观察对象，且在观察时间比较长时精度会出现下降，费时且研究费用比较高，因此这种方法只能应用于短时间小样本研究。

双标水法（Doubly Labeled Water，DLW）是目前测试体力活动能量消耗最可靠、最标准的方法，是国际上测量能量消耗的"金标准"。DLW 方法的优点是结果精确度高，样品收集和测定过程简单、安全、无毒副作用，受试者的日常生活方式不受限制，适用范围广，可用于测量各种生理条件下的人群。其缺点是测试费用昂贵，且操作专业性较强，不适合大众的非研究性应用。

心率检测法应用心率与能量消耗密切相关的原理，体力活动通过心血管系统使心率发生相应的变化，当在已知心率和氧消耗量关系的情况下，可以通过心率计算氧消耗量，进而计算能耗。

运动感应器是佩戴在人体的腰部、手腕和上臂等处的用于定量测量体力活动量或估计能量消耗的装置。具有客观、准确且携带和佩戴方便等优点，可以在大众健康中广泛应用。

加速度计能有效检测体力活动的能量消耗、持续时间和活动强度，对测量日常生活中的能量消耗有一定的实用性，且客观、准确、易于接受。研究实验发现，采用三维加速度感应器预测体力活动能耗量，与气体代谢法得出的结果有很好的一致性。

计步器以感受人在走、跑过程中脚步落地对身体的冲击或者身体摆动对平衡臂的作用，以步数/天的形式记录每天的体力活动量。与加速度计比较，计步器的优点是体积小、价格便宜。对于以步行为主要活动方式的人群，计步器可以提供费用低廉的自我监控方法，以协助他们达到预定的运动目标。

问卷调查法主要形式有访谈法、日志、日记法、活动回顾、问卷填写法等。问卷调查法的优点是价格较低、适合大样本人群调查，能够通过设计尽可能满足研究需要。最大弊端是信度和效度不高，测试对象填写时往往带有明显的主观性，只能粗略估计测试对象的能量消耗和体力活动水平。

第三节　运动的健康效益

一、身体活动与健康的量效关系

体力活动和健康可以唤起人们关注与传统标准不同、能够改善体适能水平的规律体力活动(如每次运动时间 < 20 分钟的中等强度体力活动,而不是较大强度体力活动)的健康收益,告诉公共健康、健康/体适能、临床运动和健康管理人士,给予一定强度的体力活动是满足改善健康、降低疾病的易感性(发病率)和降低早期死亡率的需要,并提出了体力活动的量与健康之间的量效关系(如活动比不活动好、多活动比少活动好)。增加体力活动或提高体适能水平可以提供更多的健康收益是显而易见的。

大量研究支持体力活动与早期死亡、心血管疾病、中风、骨质疏松、Ⅱ型糖尿病、代谢综合征、肥胖、结肠癌、乳腺癌、抑郁、功能性健康、跌倒风险及认知功能的负相关关系。大量来自实验室研究及大规模基于人群的观察性研究发现,上述多种疾病及健康状况与体力活动存在强有力的量效关系。

二、体力活动的益处

经常参加运动锻炼能明显改善个体的健康水平,运动对于健康的益处主要表现在:

①增进心血管和呼吸系统的功能,包括增加最大摄氧量、降低非最大运动负荷的心肌耗氧、降低最大运动负荷时的心率和血压、减少乳酸生成、减少运动过程中的心绞痛现象。

②减少冠状动脉疾病的危险,包括降低安静状态下的收缩压和舒张压、增加血液高密度脂蛋白含量、减少全身脂肪含量、增强葡萄糖耐受和减少胰岛素抵抗。

③减少患病率和死亡率。

④降低焦虑和精神沮丧程度、增强自我健康感觉、保持并改善人体工作能力和运动成绩。

坚持规律运动还能在一定程度上改善机体免疫功能,提高机体的抗病能力,减缓机体的衰老速度,改善糖尿病、骨质疏松、关节炎、精神紧张、焦虑和抑郁等身心疾病的病情,提高睡眠质量,预防骨质增生和恶性肿瘤生成,提高生活满意度和社会适应能力,对社会交往和认知功能起一定的促进作用。

三、运动不足可能导致的疾病

对于积极参加运动锻炼的人群，每周的运动时间在 150 分钟左右或每周消耗的能量在 1000 kcal 左右，采取中等强度的运动锻炼可以使冠心病的发病风险降低 30%，并可使高血压、糖尿病、结肠癌发病概率降低；同时对于女性采取 1.25 ~ 2.5 h/wk 的快走可使乳腺癌的发病率降低 18%。积极进行身体活动的成年人髋部或脊椎骨折的风险一般较低。增加运动训练还可以最大限度地减轻脊椎、髋部骨密度的降低，增加骨骼肌肉体积、力量、功率和神经肌肉反应能力。负重的耐力和抗阻力形式的身体活动可以有效促进骨密度增加（如每周 3 ~ 5 天、每次 30 ~ 60 分钟中等到高强度的身体活动）。

因此，对总运动量最低推荐如下：每周通过体力活动和运动至少消耗 1 000 kcal 的能量；每周运动 150 分钟或每天运动 30 分钟；每天中等强度步行 3000 ~ 4000 步；每天中等强度步行 ≥ 10000 步，为活跃体力活动的标准；≥ 2000 kcal/wk、250 ~ 300 min/wk 或 50 ~ 60 min/d 的能力消耗可获得更多益处，有助于减重。

如果运动不足，或者生活方式静态化，会导致一些疾病的发生。

（一）心血管方面的疾病（高血压、血脂异常、心肌梗死、冠心病、动脉粥样硬化、充血性心力衰竭）

运动不足会增加患心肌梗死的危险系数。长期缺乏运动可使人体安静时心率加快，心脏脉搏输出量减少。有研究证明，安静卧床休息 3 ~ 4 周，人体的血容量可以下降 17%。在这种情况下，一旦体力负荷增大，只能靠心率增加来满足机体的需氧量，从而导致心肌耗氧量相对增加，心肌缺血增加了冠心病病人心肌梗死的危险性。运动不足者血液中脂蛋白成分可发生改变，使具有防止动脉粥样硬化作用的高密度脂蛋白水平下降，因而容易增加动脉粥样硬化的危险系数。

（二）代谢性疾病（超重、肥胖、糖尿病、骨质疏松）

运动不足易形成肥胖。运动不足可以使体内能量消耗降低，过剩的能量以脂肪的形式存储在皮下、器官，易引起肥胖。而肥胖容易引起高血脂、高血压、高血糖。

运动不足易导致骨质疏松。经常适当的运动能刺激成熟的骨细胞并抑制破骨细胞，如果运动量太少，骨承受机械应力不足，就容易导致骨膜下骨吸收的钙、磷等物质过度丢失，进而引起骨质疏松。

（三）呼吸系统疾病（肺气肿、哮喘病、慢性支气管炎）

运动不足引起肺功能减退。长期不运动，可导致呼吸肌无力、肺泡弹性降低，影响肺的通气功能。肺最大通气量降低，肺内气体交换能力降低，血红蛋白携氧能力也会下降，较小负荷运动时即可出现胸闷、气急的症状。

（四）肌肉骨骼紊乱性疾病（腰背痛、骨折、退行性关节炎）

运动不足会使关节结构发生一系列变化，使关节囊和韧带组织缺乏被动牵伸，弹性较差，容易导致关节活动幅度受限，内部纤维排列紊乱，韧带止点骨质薄弱，进而造成韧带强度不足。

运动不足还容易引起关节内滑膜纤维、脂肪组织增生，形成关节内粘连，同时还会妨碍关节滑液的分泌和流转，使关节面软骨缺乏挤压，引起软骨营养障碍及萎缩，受压处软骨则由于弹性改变，易出现坏死和脱落。

运动不足易发生肌肉萎缩。运动不足会导致肌肉力量、耐力下降，严重者会发生废用性肌萎缩。通常健康成人安静卧床一周可使肌力下降20%，同时肌纤维会变细。另外，缺乏运动还会使肌肉组织内的无氧和有氧代谢酶活性下降。

长期缺乏运动，大脑血流缓慢，神经细胞营养供应不足，导致工作能力降低、容易疲劳，甚至会出现头昏眼花、神思疲倦等症状。

四、运动的风险

适宜的运动能增进健康，而运动不当也存在一定的风险。运动锻炼，特别是强度较高的运动锻炼，对运动者的心血管系统机能要求极高，运动中既会增加心血管事件的风险，也会增加肌肉骨骼系统损伤的风险。

运动的风险包括：健康风险（指原有疾病或危险因素在运动中可能出现的问题，如心血管事件、中风、低血糖等）及运动损伤风险（指运动中可能引起腰损伤、骨折、关节扭伤、肌肉拉伤等）。

一般来说，心血管系统正常的健康个体进行运动不会引起心血管事件的发生。健康个体进行中等强度体力活动引起心脏骤停或心肌梗死的风险很低。然而，对于已经诊断或隐匿性心血管疾病的个体，在较大强度体力活动时可快速而短暂增加心脏骤停（猝死）或心肌梗死的风险。因此，此类事件的风险取决于人群中心血管疾病的流行状况。为了避免运动中心血管事件的发生，降低运动中犯病的风险，在计划运动锻炼前应该有针对性的进行医学检查和运动负荷试验。

（一）年轻人猝死

运动中主要存在的风险是由心血管疾病引发的猝死。30～40岁年轻人群中，心血管疾病的流行率很低，因此发生心源性猝死的风险极低。

（二）成年人运动相关心血管事件

由于成年人动脉粥样硬化性心血管疾病增多，因此成年人心脏猝死或急性心肌梗死的风险高于年轻人。成年人进行较大强度体力活动时心脏猝死的绝对风险是每年15000～18000人中有1例死亡。估计男性中每10000人每小时发生0.3～2.7次心血管事件，女性0.6～6.0次事件。总体来看，与年轻人比较，成年人参加较大强度体力活动时，心源性猝死和急性心肌梗死的发生率较高。而且，多数静坐少动者参加不经常进行的运动或强度较大的运动时，心源性猝死和急性心肌梗死比例异常高。

尽管较大强度运动时心源性猝死和急性心肌梗死的发生率增加，但是，与体力活动不足者比较，体力活动积极者或者健康的成年人发生心血管疾病的风险降低30%～40%。目前，就健康无症状成年人在较大强度运动中发生心源性猝死的确切概率尚不明确，但是有证据显示，心脏收缩频率和冠状动脉波动幅度增加会导致冠脉的扭曲，这可能会导致动脉粥样硬化斑块的破裂，引起血小板凝聚，或急性栓塞。这一过程通过血管造影，已在多个运动诱导的心脏事件中得到证实。

（三）运动测试中发生心血管事件的风险

运动测试中发生心血管事件的风险随人群中心血管疾病的流行率而变化。此外，多数研究应用的症状限制性运动负荷试验证明，多种心脏事件的风险，包括急性心肌梗死、室颤、住院治疗和死亡等，在混合人群中运动测试的风险很低，每进行10000次测试，约发生6次心脏事件，其中有一项研究的试验数据是非内科医师提供。因此，可以预期在正常人群中次极量测试的风险是较低的。

（四）运动相关心血管事件的预防

由于与较大强度运动有关的心血管事件发生率很低，因此测试减少这些事件发生相关策略的有效性十分困难。

数种降低较大强度运动中心血管事件发生率的策略如下：

①专业健康护理人员应了解运动相关事件的病理基础，从而可以对参加体力活动的儿童和成年人进行大致评估。

②体力活动活跃的个体应了解心脏病的前驱症状（如极度不寻常的疲劳感和胸

部或背部疼痛），并在类似症状出现时及时获取医学治疗。

③高中和大学运动员应接受有认证的专业人员进行运动前的筛查。

④健康护理机构应确认其工作人员接受过处理心脏急诊的训练，并有专门的计划及相关急救设备。

⑤体力活动活跃的个体应根据不同的运动能力、日常体力活动水平和环境来调整运动计划。

尽管减少较大强度运动，中心血管事件发生次数的策略仍未被系统地研究过。但当个体希望增加体力活动（体适能）或提高体力活动（体适能）水平时，健康（体适能）和临床运动专业人士有责任提高警惕，特别是进行极大强度的体力活动时。尽管很多静坐少动的个体可以安全地开始一项低至中等强度的体力活动项目，但各年龄个体均应进行危险分层，以备未来在医学评估筛查、决定运动测试的数据（极量或刺激量）以及测试中需要的医学监督时使用。

静坐少动的个体或平日不经常运动的个体，应以较低强度的活动开始他们的运动项目，并以较慢的进度增加运动量，因为，此类人群中心脏事件发生率异常增加。个体患有确诊或可疑的心血管、肺部、代谢性疾病或肾脏疾病时，应在参加较大强度运动计划前获得医生许可。监督较大强度项目的健康（体适能）和临床运动专业人士，应定期接受有关心脏支持和急救程序的培训。急救过程应在固定时间内有规律地复习和练习。最后，人们都应接受有关心血管疾病相关的症状和体征的教育，也应该通过内科医师来评估远期是否存在出现这些症状的可能性。

对于健康来说，体力活动是一把"双刃剑"。在活动量和强度提高的同时，运动相关损伤发生的风险也相应增加，尤其是骨骼肌肉损伤与心血管并发症。当我们希望建立获取健康效益的最佳活动剂量时，强度是尤其应关注的要素，但强度同时也是活动中诱发各种运动风险的主要因素。因此，在评定体力活动与健康的量效关系时，不但要考虑其健康收益，还要考虑该剂量产生的健康风险，做到健康风险最小化、健康收益最大化。较高强度的体力活动或许在改善某一具体的健康指标方面能获得更多效益，但是中等强度的活动因其具有低风险特征，能提供更为全面的健康效益。

大量科学证据支持的体力活动可以降低早期死亡率，并降低多种慢性疾病和健康问题的风险。同时存在明确的体力活动与健康量效关系的证据。因此，鼓励任何适量的体力活动。

理想的基本目标为：

①每周150分钟中等强度的有氧运动。

②每周5分钟较大强度的有氧运动。

③较大强度和中等强度相结合的有氧运动达到相同的能量消耗水平。

为了降低肌肉骨骼的损伤，应将体力活动分散在一周内。尽管运动中，尤其在较大强度的运动中，运动风险会暂时增高，但规律体力活动的健康收益远超过了运动的风险。

(五) 降低大强度运动心脏风险的策略

由于与较大强度运动有关的心血管事件发生率很低，因此对降低心血管事件发生的有关策略的有效性检测十分困难。

数种降低较大强度运动中心脏事件发生率的策略。

①专业健康护理人员应了解运动相关事件的病理基础，从而对参与体力活动的儿童和成年人进行大致评估。

②体力活动活跃的个体应了解心脏病的前驱症状（如极度不寻常的疲劳感以及胸部和肩背部疼痛），并在类似症状出现进展时及时获取医学治疗。

③高中和大学运动员应接受有认证的专业人员进行运动前的健康筛查。

④运动员了解其心脏状况，或通过已有的指南在竞赛前对家族史进行评估。

⑤健康护理机构应确认其工作人员接受过心脏急诊的训练，并有专门的计划及相关急救设备。

⑥体力活动活跃的个体，应根据他们不同的运动能力、日常体力活动水平和环境来调整运动计划。

参考文献

[1] 叶心明. 营养与健康促进 [M]. 上海：华东理工大学出版社，2021.

[2] 王素青. 营养学 [M]. 武汉：武汉大学出版社，2021.

[3] 肖功年. 高等学校专业教材食品营养学 [M]. 北京：中国轻工业出版社，2021.

[4] 胡雯，马向华. 高等医药院校系列教材临床营养学供食品卫生与营养学专业使用 [M]. 北京：科学出版社，2021.

[5] 乐国伟，施用晖. 中国轻工业"十三五"规划教材食品营养学实验与技术 [M]. 北京：中国轻工业出版社，2021.

[6] 王慧，刘烈刚. 食品营养与精准预防 [M]. 上海：上海交通大学出版社，2020.

[7] 丁志刚. 食品营养学 [M]. 合肥：安徽大学出版社，2020.

[8] 李殿鑫，李咏梅. 食品营养与卫生 [M]. 武汉：华中科技大学出版社，2020.

[9] 于红霞，王保珍. 饮食营养与健康 [M]. 北京：中国轻工业出版社，2020.

[10] 吴希素. 营养师帮你"挑"食 [M]. 上海：上海交通大学出版社，2020.

[11] 郭顺堂. 现代营养学 [M]. 北京：中国轻工业出版社，2020.

[12] 糜漫天. 营养生物技术与转化应用 [M]. 北京：中国轻工业出版社，2020.

[13] 韩雪. 食品营养学 [M]. 北京：北京师范大学出版社，2020.

[14] 任森，刘俊须. 营养与膳食 [M]. 北京：科学出版社，2020.

[15] 任顺成. 食品营养与卫生 [M]. 北京：中国轻工业出版社，2019.

[16] 吴少雄，殷建忠. 营养学第 2 版 [M]. 北京：中国质检出版社，2018.

[17] 张雅利，赵琳. 营养与健康 [M]. 西安：西安交通大学出版社，2018.

[18] 李京东，倪雪朋. 中国轻工业"十三五"规划立项教材食品营养与卫生第 2 版 [M]. 北京：中国轻工业出版社，2018.

[19] 林海，杨玉红. 高职高专食品类专业规划教材食品营养与卫生第 3 版 [M]. 武汉：武汉理工大学出版社，2018.

[20] 仲山民，黄丽. 食品营养学 [M]. 武汉：华中科技大学出版社，2017.

[21] 胡秋红. 食品营养与卫生 第 2 版 [M]. 北京：北京理工大学出版社，2017.

[22] 吴芳宁 . 食品营养与卫生 [M]. 北京：旅游教育出版社，2017.

[23] 雷铭，冉小峰 . 食品营养与卫生安全管理 [M]. 北京：旅游教育出版社，
2017.

[24] 刘淑英，李苹苹 . 食品营养与卫生项目化教程 [M]. 北京：中国书籍出版社，
2017.